碳达峰、碳中和知识解读

杨建初　刘亚迪　刘玉莉　著

中信出版集团 | 北京

图书在版编目（CIP）数据

碳达峰、碳中和知识解读 / 杨建初，刘亚迪，刘玉莉著 . -- 北京：中信出版社，2021.10 (2022.3重印)
ISBN 978-7-5217-3550-5

Ⅰ . ①碳… Ⅱ . ①杨… ②刘… ③刘… Ⅲ . ①二氧化碳－排污交易－基本知识 Ⅳ . ① X511

中国版本图书馆 CIP 数据核字（2021）第 181612 号

碳达峰、碳中和知识解读
著者： 杨建初 刘亚迪 刘玉莉
出版发行：中信出版集团股份有限公司
（北京市朝阳区惠新东街甲 4 号富盛大厦 2 座 邮编 100029）
承印者：北京诚信伟业印刷有限公司

开本：880mm×1230mm 1/32 印张：12.5 字数：235 千字
版次：2021 年 10 月第 1 版 印次：2022 年 3 月第 4 次印刷
书号：ISBN 978–7–5217–3550–5
定价：68.00 元

目录

序

一

2020年9月22日，习近平主席在第七十五届联合国大会一般性辩论上讲话时宣布："中国将提高国家自主贡献力度，采取更加有力的政策和措施，二氧化碳排放力争于2030年前达到峰值，努力争取2060年前实现碳中和。"[①]这是中国在碳达峰、碳中和上对世界的庄严承诺，体现了大国的担当。

在联合国生物多样性峰会、第三届巴黎和平论坛、金砖国家领导人第十二次会晤、二十国集团领导人利雅得峰会、气候雄心峰会、世界经济论坛"达沃斯议程"对话会、中法德领导人视频峰会、领导人气候峰会等会议上，习近平主席再三强调了中国实现碳达峰、碳中和目标的决心。

碳达峰是指二氧化碳排放总量在一个时间点达到峰值后由升转降的历史拐点。碳中和是指人类经济社会活动所产生的二

① 中国减排承诺激励全球气候行动[EB/OL]. http://www.gov.cn/xinwen/2020-10/12/content_5550452.htm，2020-10-12.

氧化碳排放，通过植树造林、循环利用以及用技术手段对二氧化碳进行捕获与封存等，使排放到大气中的二氧化碳净增量为零，从而达到二氧化碳的相对“零排放”。

传统工业化的经济发展模式本质上是一种高碳经济，带来了二氧化碳的过量排放。我国是在人口数量巨大、人均收入低、能源强度大、能源结构不合理的背景下实现经济高速发展的，给中国的资源和环境造成了严重的透支。要不断降低碳排放量，尽早实现碳达峰、碳中和，必须建立健全绿色低碳循环发展经济体系，促进经济社会发展全面绿色转型，这是解决我国资源环境生态问题的基础之策。

中国历来高度重视气候变化问题，是最早制订实施应对气候变化国家方案的发展中国家，主动承担相应责任，并积极参与国际对话，努力推动全球气候谈判。我国早在1994年就发布了《中国21世纪议程——中国21世纪人口、环境与发展白皮书》，2007年制订了《中国应对气候变化国家方案》，2008年发布了《中国应对气候变化的政策与行动》白皮书，2013年发布了《国家适应气候变化战略》，2014年发布了《国家应对气候变化规划（2014—2020年）》，2015年向《联合国气候变化框架公约》秘书处提交了《强化应对气候变化行动——中国国家自主贡献》文件，2016年签署了《巴黎协定》，2016年发布了《中国落实2030年可持续发展议程国别方案》，2021年通过的《“十四五”规划和2035年远景目标纲要》明确提出落实

2030年应对气候变化国家自主贡献目标和制订2030年前碳排放达峰行动方案，《国家适应气候变化战略2035》正在编制过程中。在积极参与气候变化谈判的同时，中国还通过切实行动推动和引导建立公平合理、合作共赢的全球气候治理体系，推动构建人类命运共同体。

为了完成全球最高碳排放强度降幅，用历史上最短的时间实现从碳达峰到碳中和，中国已经做了大量有效的工作。截至2020年底，中国碳强度较2005年降低约48.4%，非化石能源占一次能源消费比重达15.9%，大幅超额完成到2020年气候行动目标。中国力争于2030年前二氧化碳排放达到峰值，努力争取2060年前实现碳中和。到2030年，中国单位国内生产总值二氧化碳排放将比2005年下降65%以上，非化石能源占一次能源消费比重将达到25%左右，森林蓄积量将比2005年增加60亿立方米，风电、太阳能发电总装机容量将达到12亿千瓦以上。中国将坚定不移推进应对气候变化工作，一如既往落实《联合国气候变化框架公约》和《巴黎协定》，持续推动气候多边进程，为应对全球气候变化、构建人类命运共同体贡献中国力量。气候行动不会阻碍经济发展，能实现协同增效。目前最重要的任务是实现能源体系的低碳转型，将碳达峰和碳中和目标与经济社会发展、生态环境保护和能源革命目标结合起来，实现绿色、低碳、循环的高质量协同发展。

为了普及碳达峰、碳中和的基本知识，本书作者在分析国际社会共同应对全球气候变化的背景下，从碳达峰、碳中和的理论基础和政策依据出发，分析了实现碳达峰、碳中和的路径，碳达峰、碳中和对生态系统、产业、社会生活的影响，碳交易市场的建设，碳达峰、碳中和技术的研发，以及相关政策的制定，这对进一步促进全社会共同参与到碳达峰、碳中和行动中将起到很好的作用。

相信在习近平生态文明思想的指导下，经过全国人民的共同努力，我国一定能够实现碳达峰、碳中和的目标，使我国成为全球气候行动的贡献者和引领者。

是为序。

解振华

中国气候变化事务特使

全国政协人口资源环境委员会原副主任

2021 年 7 月

第一章

在历史变局中世界迎来碳达峰、碳中和

工业革命以来，工业化和城市化带来了温室气体的大量排放，大气中的二氧化碳、甲烷等温室气体浓度显著增加，严重威胁着人类的生存和发展。气候变化已成为全球性的政治问题，成为国际社会的共识，也成为大国博弈的焦点。气候变化的问题从环境领域一直延伸到经济、政治、文化、科技和社会领域，维系着人类的兴衰和各国的发展前景。碳达峰、碳中和就是在这个大背景下引起了国际社会的普遍关注。

全球气候变化带来的危机

气候变暖的提出

全球气候变化主要指温室气体增加导致的全球变暖，是美国气象学家詹姆斯·汉森于 1988 年 6 月在美国参众两院听证会上首先提出的。

全球变暖是指由于人类的活动，温室气体大量排放，全球大气二氧化碳、甲烷等温室气体浓度显著增加，使地球大气升温。

国际岩石生物圈计划和斯德哥尔摩环境调节力中心联合实施的一项研究，在 2009 年发布了一份关于人类安全利用“地球极限”报告的扩充。该扩充报告评估了 9 个地球极限，认为人类已经越过气候变化、物种减少、土地利用变化、化肥污染 4 个极限。而作为地球九大极限之一的气候变化已非常严重，二氧化碳（主要温室气体）的浓度达到了 397ppm

（1ppm=0.0001%，即百万分比浓度），已经超过 350ppm 的安全界限。[①]

认为全球正在变暖的科学家指出，20 世纪后半叶是北半球 1300 年来最为暖和的 50 年。在过去的 100 年间，世界平均气温上升了 0.74℃，全球范围内冰川大幅度消融，世界各地洪水、干旱、台风、酷热等气象异常事件频发。到 20 世纪中期，全球海平面平均上升了 17 厘米。中国《第三次气候变化国家评估报告》指出，1909—2011 年，中国陆地区域平均增温 0.9~1.5℃，略高于同期全球增温平均值；而近 60 年来变暖尤其明显，地表平均气温升高 1.38℃，平均每 10 年升高 0.23℃，几乎为全球的两倍。近 50 年来中国西北冰川面积减少了 21%，西藏冻土最大减薄了 4~5 米。据预测，未来 50—80 年，中国平均气温将上升 2~3℃。

21 世纪初的前 10 年，全球二氧化碳排放量年均增幅为 2.7%。排在前 6 位的分别是中国（29%）、美国（16%）、欧盟（11%）、印度（6%）、俄罗斯（5%）、日本（4%），森林火灾等生物质燃烧所排放的二氧化碳还未包括在内。

世界气象组织发布的《2020 年全球气候状况》显示，目前全球平均温度比工业化前的水平约升高 1.2℃，2020 年是人类有记录以来最热的 3 个年份之一，2011—2020 年是有记录以来

---

① 报告称地球 9 个极限人类已越过 4 个：破坏巨大 [EB/OL]. http://tech.huanqiu.com/discovery/2015-01/5504581.html，2015-01-26.

最热的 10 年，2015 年以来的 6 年则是有记录以来最热的 6 年。联合国环境规划署的数据显示，2019 年和 2020 年全球主要温室气体浓度持续上升，2020 年全球平均海平面仍在上升。

全球性的气候变暖不仅会造成自然环境和生物区系的变化，而且对生态系统、经济和社会发展以及人类健康都将产生重大的有害影响。但也有科学家对全球变暖提出疑问。一些科学家认为，全球气候变化并非人类活动所致，主要是自然原因引起的，未来的气温将随太阳辐射强度的回落而下降，温室效应和人类工业活动没有必然联系。从一个较长时期看，地球气候变化主要是由地球所处的大生态期决定的，人类活动对气候的影响构不成主要因素；从短期看，太阳活动是气候变化的主要因素，太阳辐射与积融雪速率的关系影响着气候的变化，而人类在冰盖消融和冰雪融化问题上是能有所作为的。

气候变化的主要原因

人类对全球气候变化的影响主要来自温室气体的排放。温室气体包括二氧化碳（CO_2）、甲烷（CH_4）、氧化亚氮（N_2O）、臭氧（O_3）、氟利昂或氯氟烃类化合物（CFCs）、氢代氯氟烃类化合物（HCFCs）、氢氟碳化物（HFCs）、全氟碳化物（PFCs）、六氟化硫（SF_6），其中二氧化碳、甲烷、氧化亚氮和臭氧是自然界中原来就有的成分，而氟利昂或氯氟烃类化合物、氢代氯氟烃类化合物、氢氟碳化物、全氟碳化物和六氟化硫则是人类生产活动的产物。

工业革命以前，大气中的二氧化碳浓度平均值约为280ppmv（ppmv表示百万分之一体积单位），变化幅度约在10ppmv内。工业革命之后，大规模的森林砍伐使碳循环的平衡被打破，化石燃料——煤炭、石油和天然气等燃烧量不断增加，海洋和陆地生物圈不能完全吸收多排放的二氧化碳，从而导致大气中的二氧化碳浓度不断增加。目前，每年全世界燃烧化石燃料排放到大气中的二氧化碳总量折合成碳大约是60亿吨，森林破坏和土地利用变化释放二氧化碳约15亿吨。每年大气中碳的净增量大约是38亿吨，37亿吨会被海洋和陆地生物圈吸收（海洋约20亿吨，陆地生物圈约17亿吨），约有50%的二氧化碳留在了大气中。

甲烷是大气中含量丰富的有机气体，主要来自地表，可分为人为源和自然源。人为源包括天然气泄漏、石油煤矿开采及其他生产活动、热带生物质燃烧、反刍动物、城市垃圾处理场、稻田等；自然源包括天然沼泽、多年冻土融解、湿地、河流湖泊、海洋、热带森林、苔原、白蚁等。甲烷的产生和排放的领域主要包括废物处理、农业、燃料逸出性排放以及与能源相关或无关的工业、土地变化和林业等。全球甲烷排放量约为5.35（4.10~6.60）亿吨/年，其中自然源为1.60（1.10~2.10）亿吨/年、人为源为3.75（3.00~4.50）亿吨/年，人为源约占70%。人类排放源可分为与化石燃料有关的排放源和生态排放源。

氧化亚氮来源于地面排放，全球每年氧化亚氮排放总量约为 1470 万吨。其中自然源（主要包括海洋以及温带、热带的草原和森林生态系统）为 900 万吨，人为源（主要包括农田生态系统、生物质燃烧和化石燃烧、己二酸以及硝酸的生产过程）大约为 570 万吨。大气中氧化亚氮每年的增加量约为 390 万吨，其产生和排放的领域主要包括工业、农业、交通、能源生产和转换、土地变化和林业等，其中农业过量施氮是一个重要因素。人类主要通过施用氮肥增加农作物产量，而以氮肥所代表的活性氮一方面污染了环境，另一方面当活性氮以氧化亚氮的形式存在时，它还是增温效应最强的温室气体。目前氧化亚氮的温室效应贡献为二氧化碳的 1/10，但单个氧化亚氮分子的增温效应大约是二氧化碳的 300 倍。要控制全球气候变化，工业要低碳、农业要低氮、生活要生态。

气候变化引发巨大自然灾难

全球气候变化的影响已经显现，对自然生态系统带来的灾难包括冰川消融、永久冻土层融化、海平面上升、咸潮入侵、生态系统突变、旱涝灾害增加、极端天气频繁等。

1980—2012 年，中国沿海海平面上升速率为 2.9 毫米 / 年，高于全球平均速率。20 世纪 70 年代至 21 世纪初，中国的冰川面积退缩约10.1%，冻土面积减少约18.6%。如果全球气候持续变暖，较高的温度将使冰川雪线上升、极地冰川融化、海平面升高，使一些海岸地区被海水淹没，部分地区将不再适合人类居住。全球变暖也可能影响降雨和大气环流的变化，使气候反常，易造成旱涝灾害，导致生态系统发生变化、被破坏。联合国的《非洲的弱点和改进》报告指出，如果气温持续上升，到2085年，海平面将上升15~95厘米，造成30%的沿海建筑被海水淹没，同时非洲大陆1/3的生物种类将灭绝；在5000多种植物中，约有80%会因为气候变暖而退化。覆盖着格陵兰岛的170万平方千米的冰原一旦全部融化，全球海平面将上涨7米。科学家估计，被誉为“地球之肺”的贝伦–亚马孙河三角洲，在几十年内，会因气候变化使亚马孙森林变成萨瓦纳稀树草原……

气候变暖加剧将造成中国境内极端天气与气候事件发生的频率增大，青藏高原和天山冰川加速退缩，一些小型冰川消失，干旱区范围可能扩大，荒漠化可能性加重，海平面持续上升。中国自然资源部海洋预警监测司2018年发布的《中国海平面公报》显示，1980—2018年，中国沿海海平面上升速率为3.3毫米/年，高于同时段全球平均水平。有分析表明，海平面变化总体呈波动上升趋势，如果海平面上升30~50厘米，全球超过10万千米的海岸线将受其影响，珠江三角洲和孟加拉国的恒河三角洲处境尤为堪忧；如果海平面升高大于50厘米，超过 50 万平方千米的土地将受到影响，斐济和马尔代夫等国的领土将所剩无几，孟加拉国、印度和越南的部分领土也将被淹没；当海平面上升超过 1 米时，威尼斯、纽约、伦敦、上海等城市将被淹没，一些人口集中的河口三角洲地区（包括长江三角洲、珠江三角洲和黄河–海河三角洲）将受到严重损害，中国沿海将有 12 万平方千米的土地被海水吞噬。据中国《第三次气候变化国家评估报告》预测，到 21 世纪末，中国沿海地区的海平面将比 20 世纪高出 0.4~0.6 米。

气候变化对经济和社会的影响

全球气候变化导致经济损失巨大

《气候脆弱性监测》报告指出，全球气候变暖正在使世界经济每年遭受约 1.6% 的损失。联合国环境规划署发布的报告显示，到 2050 年，发展中国家适应气候变化的成本可能将升至每年 2800 亿 ~5000 亿美元。联合国开发计划署的资料则显示，到 2030 年，将有 43 个国家的国内生产总值（GDP）会受到全球变暖的直接影响，亚、非国家所受经济损失将尤其明显。

全球气候变化影响农业生产

全球气候变化会使全球气温和降雨形态迅速发生变化，造成大范围的森林植被破坏，使许多地区的农业和自然生态系统无法适应或不能很快适应气候的变化，进而影响粮食作物的产量和作物的分布类型，使农业生产受到破坏性影响。气候变化能够使小麦和玉米平均每 10 年分别减产约 1.9% 和 1.2%，1961 年以来的气候变化，已经使全球农业生产力下降了 21%。

全球气候变化产生新的社会问题

全球变暖会成为影响人类健康的一个主要因素，表现为发病率和死亡率增高，发展中国家将承受气候变化带来的更加巨大的压力。世界卫生组织的研究表明，2030—2050 年，因气候变化导致的疟疾、痢疾、热应激和营养不良将造成全球每年 25 万人死亡。气候变暖还会使高山冰川融化，出现生态难民。

气候变化成为国际政治的焦点

近年来，气候问题已从一个自然的问题演变成了全球性的经济问题和政治问题，各国之间为此争吵不断。发达国家掌握了经济上的主导权和国际话语权，其利用气候问题树立新的经济霸权的意图是显而易见的。

法国前总统希拉克最早提出征收碳关税，目的是希望欧盟国家针对未遵守《京都议定书》的国家征收特别的进口碳关税，以避免在欧盟碳排放交易机制运行后，欧盟国家所生产的商品遭受不公平竞争，特别是其境内的钢铁业及高耗能产业。

2009 年 6 月，美国众议院通过《美国清洁能源安全法案》，法案中规定从 2020 年起，对进口铝、钢铁、水泥和一些化工产品等排放密集型产品征收特别的二氧化碳排放关税，美国成了世界上第一个对碳关税进行立法的国家。2009 年底，法国也通过了从 2010 年起在法国国内征收碳税的议案。这说明：一方面，以美国为主导的发达国家试图通过征收碳关税来应对目前全球变暖及解决减排问题；另一方面，这些国家将利用碳关税这个新武器来构筑新型的"绿色贸易壁垒"。

推行碳关税对发展中国家的经济影响很大。与以服务业为主的发达国家不同，发展中国家的农业和制造业在国民经济中所占比重很高，二氧化碳排放量自然比较大，征收碳关税将严重影响发展中国家的经济增长，因此遭到了很多发展中国家的反对。

2007 年出版的第 1 期《国际生态与安全》杂志发表了由美国五角大楼"战略大师"安德鲁·马歇尔担任主要作者的气候变化报告。该报告称，气候变暖将导致地球陷入无政府状态，气候变化将成为人类的大敌，其威胁在某种程度上将超过恐怖主义。

国际社会应对全球气候变化

《联合国气候变化框架公约》的签署

第一次世界气候大会

1979 年，在瑞士日内瓦召开的第一次世界气候大会上，科学家警告说，大气中二氧化碳浓度增加将导致地球升温，为国际社会应对气候变化指明了方向。1988 年，联合国政府间气候变化专门委员会（IPCC）成立，专门负责评估气候变化状况及其影响等。1991 年，联合国就制定《联合国气候变化框架公约》开始了多边国际谈判。

联合国环境与发展大会

1992 年 6 月 3—14 日，联合国环境与发展大会在巴西里约热内卢召开，共有 183 个国家和地区的代表团、70 多个国际组织和团体的代表、102 位国家元首和政府首脑参加。大会通过了《关于环境与发展的里约热内卢宣言》《21世纪行动议程》，154个国家和地区签署了《联合国气候变化框架公约》，148个国家和地区签署了《生物多样性公约》。大会提出了人类“可持续发展”的新战略和新观念。联合国环境与发展大会是人类转变传统发展模式和生活方式，走可持续发展之路的一个里程碑。《联合国气候变化框架公约》是第一个应对全球气候变暖的具有法律效力的国际公约，也是国际社会在应对全球气候变化问题上进行国际合作的一个基本框架。

《联合国气候变化框架公约》第一次缔约方会议

1995年3月底至4月初，《联合国气候变化框架公约》第一次缔约方会议在德国柏林举行。会议通过了工业化国家和发展中国家《共同履行公约的决定》，要求工业化国家和发展中国家“尽可能开展最广泛的合作”，以减少全球温室气体排放量。

《联合国气候变化框架公约》第二次缔约方会议

1996年7月，《联合国气候变化框架公约》第二次缔约方会议在瑞士日内瓦举行。会议呼吁各国加速谈判，争取在1997年12月前缔结一项“有约束力”的法律文件，以减少2000年以后工业化国家温室气体的排放量。

从《京都议定书》到“巴厘岛路线图”

《联合国气候变化框架公约》第三次缔约方会议

1997 年 12 月，《联合国气候变化框架公约》第三次缔约方会议在日本京都召开，149 个国家和地区的代表参加了会议。会议通过了旨在限制发达国家温室气体排放量以抑制全球变暖的《京都议定书》。2005 年 2 月 16 日，《京都议定书》正式生效，首开人类历史上在全球范围内以法规的形式限制温室气体排放的先河。

《联合国气候变化框架公约》第四次缔约方会议

1998 年 11 月，《联合国气候变化框架公约》第四次缔约方会议在阿根廷布宜诺斯艾利斯举行。会议决定进一步采取措施，促使通过的《京都议定书》早日生效，同时制订了落实议定书的工作计划。

《联合国气候变化框架公约》第五次缔约方会议

1999 年 10 月底至 11 月初，《联合国气候变化框架公约》第五次缔约方会议在德国波恩举行。会议通过了商定《京都议定书》有关细节的时间表，但在《京都议定书》所确立的三个重大机制上未取得重大进展。

《联合国气候变化框架公约》第六次缔约方会议

2000 年 11 月,《联合国气候变化框架公约》第六次缔约方会议在荷兰海牙举行。由于美国坚持要大幅度减少减排指标，致使会议无法达成预期的协议。2001 年 3 月，美国政府以不符合美国的国家利益为由，正式宣布退出《京都议定书》。

《联合国气候变化框架公约》第七次缔约方会议

2001 年 10 月,《联合国气候变化框架公约》第七次缔约方会议在摩洛哥马拉喀什举行。会议通过了《马拉喀什协定》,通过了有关《京都议定书》履约问题的一揽子高级别政治决定，为《京都议定书》附件 1 所规定的缔约方批准《京都议定书》并使其生效铺平了道路。会议结束了“波恩政治协议”的技术性谈判，为具体落实《京都议定书》迈出了关键的一步。

《联合国气候变化框架公约》第八次缔约方会议

2002 年 10 月底至 11 月初,《联合国气候变化框架公约》第八次缔约方会议在印度新德里举行。会议通过了《德里宣言》，强调应对气候变化必须在可持续发展的框架内进行，明确指出了应对气候变化的正确途径，敦促发达国家履行《联合国气候变化框架公约》所规定的义务，并在技术转让和提高应对气候变化能力方面为发展中国家提供有效的帮助。

《联合国气候变化框架公约》第九次缔约方会议

2003 年 12 月，《联合国气候变化框架公约》第九次缔约方会议在意大利米兰举行。会议在推动《京都议定书》尽早生效并付诸实施方面未能取得实质性进展，取得的成果十分有限。

《联合国气候变化框架公约》第十次缔约方会议

2004 年 12 月，《联合国气候变化框架公约》第十次缔约方会议在阿根廷布宜诺斯艾利斯举行。会议议程主要涉及国际社会为应对全球气候变化而做的具体工作，在几个关键议程上的谈判进展不大。

《联合国气候变化框架公约》第十一次缔约方会议

2005 年 11 月，《联合国气候变化框架公约》第十一次缔约方会议在加拿大蒙特利尔举行，来自 189 个国家和地区的近万名代表参加了会议，并达成了 40 多项重要决定。其中包括启动《京都议定书》新二阶段温室气体减排谈判，以进一步推动和强化各国的共同行动，切实遏制全球气候变暖的势头。大会取得的重要成果被称为“控制气候变化的蒙特利尔路线图”。

《联合国气候变化框架公约》第十二次缔约方会议

2006 年 11 月，《联合国气候变化框架公约》第十二次缔约方会议暨《京都议定书》缔约方第二次会议在肯尼亚内罗毕举行。大会达成了包括“内罗毕工作计划”在内的几十项决定，以帮助发展中国家提高应对气候变化的能力，并在管理“适应基金”的问题上达成一致，用于支持发展中国家具体的适应气候变化活动。

从“巴厘岛路线图”到《巴黎协定》

《联合国气候变化框架公约》第十三次缔约方会议

2007 年 12 月 3—15 日，《联合国气候变化框架公约》第十三次缔约方会议暨《京都议定书》缔约方第三次会议在印度尼西亚巴厘岛举行，192 个《联合国气候变化框架公约》的缔约方、176 个《京都议定书》缔约方共 1.1 万多名代表参加了会议。会议着重讨论了 2012 年后人类应对气候变化的措施安排等问题，特别是发达国家应进一步承担的温室气体减排指标，通过了里程碑式的“巴厘岛路线图”。

《联合国气候变化框架公约》第十四次缔约方会议

2008 年 12 月，《联合国气候变化框架公约》第十四次缔约方会议暨《京都议定书》第四次缔约方会议在波兰波兹南举行。会议总结了“巴厘岛路线图”的进程，正式启动了 2009 年气候谈判，同时决定启动帮助发展中国家应对气候变化的“适应基金”。

《联合国气候变化框架公约》第十五次缔约方会议

2009 年 12 月 7—18 日，《联合国气候变化框架公约》第十五次缔约方大会暨《京都议定书》第五次缔约方会议在丹麦哥本哈根召开，共有来自 192 个国家和地区的代表参加，115 位国家领导人出席，极大地促进了全球对气候变化问题的关注。会议达成了一份不具有法律约束力的《哥本哈根协议》，决定延续“巴厘岛路线图”的谈判进程，推动谈判向正确的方向迈进，同时提出建立帮助发展中国家减缓和适应气候变化的绿色气候基金。会议成为全球走向生态经济发展道路的一个重要转折点。

《联合国气候变化框架公约》第十六次缔约方会议

2010 年 11 月底至 12 月初，《联合国气候变化框架公约》第十六次缔约方会议暨《京都议定书》第六次缔约方会议在墨西哥坎昆举行。会议坚持了《联合国气候变化框架公约》、《京都议定书》和“巴厘岛路线图”，坚持了“共同但有区别的责任”原则，确保了 2011 年的谈判继续按照“巴厘岛路线图”确定的双轨方式进行。会议还就适应、技术转让、资金和能力建设等发展中国家所关心的问题取得了不同程度的进展。

《联合国气候变化框架公约》第十七次缔约方会议

2011 年 11 月底至 12 月初，《联合国气候变化框架公约》

第十七次缔约方会议暨《京都议定书》第七次缔约方会议在南非德班举行。会议同意延长5年《京都议定书》的法律效力，就实施《京都议定书》第二承诺期并启动绿色气候基金达成了一致。会议决定建立德班增强行动平台特设工作组（德班平台），在2015年前负责制定一个适用于所有《联合国气候变化框架公约》缔约方的法律工具或法律成果。大会确定绿色气候基金为《联合国气候变化框架公约》下金融机制的操作实体。在德班大会期间，加拿大宣布正式退出《京都议定书》。

《联合国气候变化框架公约》第十八次缔约方会议

2012年11月26日—12月7日，《联合国气候变化框架公约》第十八次缔约方会议暨《京都议定书》第八次缔约方会议在卡塔尔多哈举行。会议通过了《多哈修正案》，最终就2013年起执行《京都议定书》第二承诺期及第二承诺期以8年为期限达成一致，从法律上确保了《京都议定书》第二承诺期在2013年实施。大会还通过了有关长期气候资金、《联合国气候变化框架公约》长期合作工作组成果、德班平台以及损失损害补偿机制等方面的多项决议。加拿大、日本、新西兰及俄罗斯明确不参加第二承诺期。

《联合国气候变化框架公约》第十九次缔约方会议

2013年11月，《联合国气候变化框架公约》第十九次缔约方会议暨《京都议定书》第九次缔约方会议在波兰华沙举行。会议主要取得三项成果：一是德班平台基本体现“共同但有区别的原则”；二是发达国家再次承认应出资支持发展中国家应对气候变化；三是就损失损害补偿机制问题达成初步协议，同意开启有关谈判。

《联合国气候变化框架公约》第二十次缔约方会议

2014 年 12 月，《联合国气候变化框架公约》第二十次缔约方会议暨《京都议定书》第十次缔约方会议在秘鲁利马举行。大会就 2015 年巴黎气候大会协议草案的要素基本达成一致，进一步细化了 2015 年协议的各项要素，为各方进一步起草并提出协议草案奠定了基础。

《巴黎协定》开启全球合作新时代

《联合国气候变化框架公约》第二十一次缔约方会议

2015 年 11 月 30 日至 12 月 12 日，《联合国气候变化框架公约》第二十一次缔约方会议暨《京都议定书》第十一次缔约方会议在法国巴黎召开，有 3.6 万多名来自政府、联合国机构和政府间机构、非政府组织、媒体的代表参加了大会，参会的国家和地区达 195 个，约 150 位国家领导人出席了开幕式。会上 184 个国家和地区提交了应对气候变化“国家自主贡献”文件，大会通过了《巴黎协定》。2016 年 11 月 4 日，《巴黎协定》正式生效，成为《联合国气候变化框架公约》下继《京都议定书》后第二个具有法律约束力的协定，标志着解决全人类面临的气候问题开始进入了全球合作的新时代。

《联合国气候变化框架公约》第二十二次缔约方会议

2016 年 11 月，《联合国气候变化框架公约》第二十二次缔约方大会暨《京都议定书》第十二次缔约方会议、《巴黎协定》第一次缔约方大会在摩洛哥马拉喀什举行。这是《巴黎协定》正式生效后的第一次联合国气候变化大会，来自全球 190 多个国家和地区的超过万名相关人士参加。本次气候变化大会的主要议题和意义是将《巴黎协定》的承诺转化为行动。

《联合国气候变化框架公约》第二十三次缔约方会议

2017 年 11 月，《联合国气候变化框架公约》第二十三次缔约方大会暨《京都议定书》第十三次缔约方会议在德国波恩举行。大会的核心议题是 2018 年促进性对话、国家自主贡献、全球盘点、适应和资金等。

《联合国气候变化框架公约》第二十四次缔约方会议

2018 年 12 月 2—15 日，《联合国气候变化框架公约》第二十四次缔约方会议暨《京都议定书》第十四次缔约方会议、

《巴黎协定》第一次缔约方大会第三阶段会议在波兰卡托维兹召开，来自近200个国家和地区的代表参加了大会。大会通过了《巴黎协定》实施细则，为2020年以后全球气候行动的落实奠定了制度和规则基础。

联合国气候行动峰会

2019年9月23日，联合国气候行动峰会在纽约联合国总部召开。峰会取得了务实的成果，展现了各国在共同政治决心方面的飞跃，展示了为支持《巴黎协定》在实体经济领域开展的大规模行动，为2020年关键气候行动期限前实现国家目标和推动私营部门行动做出了重要努力。

《联合国气候变化框架公约》第二十五次缔约方会议

2019年12月2—15日，《联合国气候变化框架公约》第二十五次缔约方会议暨《京都议定书》第十五次缔约方会议、《巴黎协定》第二次缔约方大会及相关边会在西班牙马德里召开，来自190多个国家和地区的代表，众多国际组织、非政府组织及媒体的2万多名代表参加了会议。大会就《巴黎协定》实施细则进行了谈判。大会通过的《智利-马德里行动时刻》文件指出，各方“迫切需要”削减导致全球变暖的温室气体排放。大会未能就核心议题《巴黎协定》第六条实施细则达成共识。

国际社会开启全球气候行动

2020 年，在全球碳排放排名前 15 位的国家中，美国、俄罗斯、日本、巴西、印度尼西亚、德国、加拿大、韩国、英国和法国已经实现碳排放达峰。当前，中国正处于“平台期”，新兴工业化国家碳排放还在增加，广大发展中国家的碳排放还未开始。

尽管目前对全球气候变化问题尚有不同看法，但气候变化超出气候问题的范畴而成为全球性的政治问题已经成为国际社会的共识，更成为大国博弈的焦点。气候变化的问题从环境领域一直延伸到经济、政治、文化、科技和社会领域，维系着人类的兴衰，影响着各国的发展前景。

当前世界前两大经济体在众多议题上分歧严重，各个领域竞争激烈，但在应对气候危机以及相关问题上态度一致。2021 年 4 月 15—16 日，中国气候变化事务特使解振华同美国总统气候问题特使克里在上海举行会谈。会后双方发表了中美两国应对气候危机联合声明，强调了双方在气候变化领域的领导力与合作的重要性，同意与其他各方一道加强《巴黎协定》的实施，共同为格拉斯哥联合国气候公约第二十六次缔约方大会的成功做出努力。

2021 年 4 月 7—8 日，第三十次“基础四国”气候变化部长级会议以视频方式召开。会议联合声明肯定了印度、巴西、南非和中国四国根据本国国情所实施的有力度的气候行动和取得的显著成效。基础四国已经提出了反映最高雄心的气候政策和贡献，并致力于采取有力度的行动实施其国家自主贡献（NDCs）。

2021 年 4 月 16 日，中法德领导人视频峰会举行。三国领导人一致认为，要坚持多边主义，全面落实《巴黎协定》，共同构建公平合理、合作共赢的全球气候治理体系，加强气候政策对话和绿色发展领域合作，将应对气候变化打造成中欧合作的重要支柱。

2021 年 4 月 22—23 日举行的“领导人气候峰会”强调，世界主要经济体迫切需要在《联合国气候变化框架公约》第二十六次缔约方会议之前加强应对气候变化的决心，确保气候变暖限制在 1.5 摄氏度的目标能够实现。联合国秘书长古特雷斯再次强调各国须立即提高国家自主贡献目标，到本世纪中叶实现“净零排放”，呼吁各国开征碳税，停止化石燃料补贴，增加可再生能源和绿色基础设施领域的投资，停止新建煤炭发电厂，确保富裕国家在 2030 年前、所有国家在 2040 年前逐步淘汰煤炭，并实现公平的绿色转型。美国承诺，到 2030 年使全国的温室气体排放水平比 2005 年减少 50%~52%；中国重申了“力争 2030 年前实现碳达峰、2060 年前实现碳中和”的承诺，并强调将“严控煤电项目”，同时支持部分地方和行业企业“率先达峰”；加拿大致力于到 2030 年，使碳排放水平比 2005 年减少 40%~45%；日本承诺，到 2030 年使碳排放量比 2013 年减少 46%；英国宣布，计划到 2035 年使碳排放水平比 1990 年减少 78%；韩国宣布将停止所有针对煤炭的外部融资，并将在今年提交新的国家自主贡献目标；巴西承诺，在 2050 年实现碳中和……

截至 2021 年 5 月，全球已经有 50 多个国家宣布了到本世纪中叶实现碳中和，近 100 个国家正在研究各自的目标。

2021 年 5 月 6—7 日，第十二届彼得斯堡气候对话视频会议召开，德国在开幕式上表示，德国实现碳中和的时间，将从 2050 年提前到 2045 年。

全球气候治理进程中的四大重要里程碑

《联合国气候变化框架公约》

《联合国气候变化框架公约》是1992年6月在里约热内卢联合国环境与发展大会上，由154个国家和地区共同签署的一项公约，由序言及26条正文组成，具有法律约束力，1994年3月21日生效。

其核心内容包括：一是确立了应对气候变化的最终目标，将大气温室气体的浓度稳定在防止气候系统受到危险的人为干扰的水平上，这一水平应当在足以使生态系统能够可持续进行的时间范围内实现；二是确立了国际合作应对气候变化的基本原则，主要包括“共同但有区别的责任”原则、公平原则、各自能力原则和可持续发展原则等；三是明确发达国家应承担率先减排和向发展中国家提供资金技术支持的义务；四是承认发展中国家有消除贫困、发展经济的优先需要；它们在全球排放中所占的份额将增加，经济和社会发展以及消除贫困是发展中国家首要和压倒一切的优先任务。

《联合国气候变化框架公约》确定了应对气候变化的基本原则：一是“共同而区别”的原则，要求发达国家应率先采取措施，应对气候变化；二是要考虑发展中国家的具体需要和国情；三是各缔约国应当采取必要措施，预测、防止和减少引起气候变化的因素；四是尊重各缔约方的可持续发展权；五是加强国际合作，应对气候变化的措施不能成为国际贸易的壁垒。

《联合国气候变化框架公约》是世界上第一个为全面控制二氧化碳等温室气体排放，应对全球气候变暖给人类经济和社会带来不利影响的国际公约，也是国际社会在应对全球气候变化问题上进行国际合作的一个基本框架，它奠定了应对气候变化国际合作的法律基础。

《京都议定书》

《京都议定书》是1997年12月在日本京都召开的《联合国气候变化框架公约》缔约方第三次会议上通过的，共有28个条款和2个附件，2005年2月16日正式生效。其目标是将大气中的温室气体含量稳定在一个适当的水平，进而防止剧烈的气候改变对人类造成伤害，以及限制发达国家温室气体排放量以抑制全球变暖。

《京都议定书》规定，到 2010 年，所有发达国家二氧化碳等 6 种温室气体的排放量，要比 1990 年减少 5.2%。2008—2012 年，与 1990 年相比，欧盟削减 8%、美国削减 7%、日本削减 6%、加拿大削减 6%、东欧各国削减 5%~8%，新西兰、俄罗斯和乌克兰的排放量可以与 1990 年排放量基本相当，爱尔兰、澳大利亚和挪威的排放量可比 1990 年分别增加 10%、8% 和 1%。

《京都议定书》规定了减排多种温室气体，包括二氧化碳、甲烷、氧化亚氮、氢氟碳化物、全氟化碳和六氟化硫，《多哈修正案》将三氟化氮（NF_3）纳入管控范围。

《京都议定书》首开全球范围内以法规的形式限制温室气体排放的先河。为了使各国完成温室气体减排的目标，允许采取以下四种减排方式：第一种是两个发达国家之间可以进行排放额度买卖的“排放权交易”，难以完成削减任务的国家，可以花钱从超额完成任务的国家买进超出的额度；第二种是以“净排放量”计算温室气体排放量，从本国实际排放量中扣除森林所吸收的二氧化碳的数量；第三种是可以采用绿色开发机制，促使发达国家和发展中国家共同减少温室气体的排放；第四种是可以采用“集团方式”，欧盟内部的国家可作为一个整体，采取有的削减、有的增加的方法，在总体上完成减少温室气体的排放任务。

国际排放贸易机制（ET）、联合履行机制（JI）和清洁发展机制（CDM）成为《京都议定书》建立的旨在减少温室气体排放的三个灵活合作机制。清洁发展机制规定了允许工业化国家的投资者从其在发展中国家实施的并有利于发展中国家可持续发展的减排项目中获取“经证明的减少排放量”。实施该机制下的造林再造林碳汇项目，是发达国家和发展中国家之间在林业领域内的唯一合作机制。由于森林与气候的变化关系密切，森林生长可吸收并固定二氧化碳，是二氧化碳的吸收汇、贮存库和缓冲器，但如果森林遭受破坏、生病或是死亡，蓄积在这些森林里的二氧化碳就会被释放出来，使森林变成二氧化碳的排放源。因此，造林、退化生态系统恢复、建立农林复合系统、加强森林可持续管理等措施，可增强陆地碳吸收量。减少毁林、改进采伐作业措施、提高木材利用效率以及更有效地控制森林灾害，可减少陆地碳排放量。以耐用木质林产品替代能源密集型材料、生物能源，加强采伐剩余物的回收利用，可减少能源和工业部门的温室气体排放量。

时任联合国秘书长安南在《京都议定书》正式生效后指出：“这是全世界迎战一个真正的全球性挑战的、具有历史意义的一步……所有国家从现在开始，都要尽最大的努力去迎接气候变化的挑战，不要让气候拖住我们的后腿，使我们无法实现千年发展目标。”

“巴厘岛路线图”

“巴厘岛路线图”是2007年12月15日在印度尼西亚巴厘岛举行《联合国气候变化框架公约》第十三次缔约方会议暨《京都议定书》缔约方第三次会议通过的，共有13项内容和1个附录。

“巴厘岛路线图”主要内容包括：一是路线图指出气候变暖是不争的事实，拖延减少温室气体排放的行动只会增加气候变化影响加剧的危险；二是路线图强调了国际合作，依照《联合国气候变化框架公约》原则，将考虑社会、经济条件及其他相关因素，缔约方的共同行动包括一个关于减排温室气体的全球长期目标，以实现《联合国气候变化框架公约》的最终目标；三是路线图确定通过谈判达成减缓全球变暖新协议的框架，美国这个仍在《京都议定书》之外的唯一工业大国将被纳入新协议的框架之内；四是路线图规定所有缔约的发达国家都要履行可测量、可报告、可核实的温室气体减排责任，尽管没有具体确定减排目标和具体哪些国家应当减排及减排的数量，但规定了到2020年将工业化国家的温室气体排放量在1990年的水平上降低25%~40%的目标和到2050年实现全球排放量减少50%的目标；五是路线图规定发展中国家也要采取可测量、可报告和可核实的行动，来减少温室气体的排放，但不设定具体目标，发达国家有义务向发展中国家提供在适应气候变化、技术开发和转让、资金支持问题等方面的帮助；六是路线图包括为减少发展中国家的毁林和森林退化提供可能的财政支持，毁林与森林退化问题将最终被纳入法律的框架之中；七是路线图规定谈判将于2009年年底在哥本哈根结束，协议在2012年年底生效，以接替《京都议定书》。

“巴厘岛路线图”是人类应对气候变化历史中的一座新里程碑，确定了加强落实《联合国气候变化框架公约》的领域，为进一步落实《联合国气候变化框架公约》指明了方向。

《巴黎协定》

《巴黎协定》是2015年12月12日在巴黎气候变化大会上通过、2016年4月22日在纽约联合国总部签署了的，2016年11月4日正式生效，共29项条款，包括目标、减缓、适应、损失损害、资金、技术、能力建设、透明度、全球盘点等内容。《巴黎协定》坚持公平原则、共同但又区别的责任原则、各自能力原则。

《巴黎协定》的目标是将全球平均气温升幅较工业化前水平控制在显著低于2℃的水平，并向升温较工业化前水平控制在1.5℃努力；在不威胁粮食生产的情况下，增强适应气候变化负面影响的能力，促进气候恢复力和温室气体低排放的发展；使资金流动与温室气体低排 放和气候恢复力的发展相适应。[①]

① 夏堃堡．国际环境外交[M]．北京：中国环境出版社，2016：43.

到2030年全球碳排放量控制400亿吨，2080年实现净零排放，21世纪下半叶实现温室气体净零排放；各方将以“自主贡献”的方式参与全球应对气候变化行动；发达国家继续提出全经济范围绝对量减排目标，鼓励发展中国家根据自身国情逐步向全经济范围绝对量减排或限排目标迈进；发达国家加强对发展中国家的资金、技术和能力建设支持，帮助发展中国家减缓和适应气候变化；建立“强化”的透明度框架，重申遵循非侵入性、非惩罚性的原则，并为发展中国家提供灵活性；从2023年开始，每5年将对全球行动总体进展进行一次盘点，以帮助各国提高力度、加强国际合作，实现全球应对气候变化长期目标。

到2017年11月，共有197个《联合国气候变化框架公约》缔约方签署了《巴黎协定》，这些缔约方的温室气体排放量占全球温室气体排放量的比例接近100%。

《巴黎协定》将全球气候治理的理念进一步确定为低碳绿色发展，把国际气候谈判的模式从自上而下转变为自下而上，奠定了世界各国广泛参与减排的基本格局，成为《联合国气候变化框架公约》下继《京都议定书》后第二个具有法律约束力的协定，在国际社会应对气候变化进程中向前迈出了关键一步。《巴黎协定》的达成为解决气候危机打下了基础，是全球气候治理进程的里程碑，标志着解决全人类面临的气候问题开始进入全球合作的新时代。

第二章

碳达峰、碳中和的理论基础

针对2030年应对气候变化国家自主贡献目标，我国提出力争在2030年前二氧化碳排放达到峰值，制订了2030年前碳排放达峰行动方案，锚定努力争取2060年前实现碳中和。2030年碳达峰是二氧化碳的达峰，2060年前要实现碳中和包括全经济领域温室气体的排放，不只是二氧化碳，还有甲烷、氢氟化碳等非二氧化碳温室气体，包括二氧化碳等全部温室气体。为了实现这一目标，必须采取更加有力的政策和措施，这就需要碳达峰、碳中和行动有坚实的理论和技术基础。在此基础上，制定有效的政策，采取切实可行的措施，明确碳达峰、碳中和的技术路线。[①]

---

① 本章仅涉及碳达峰、碳中和的当代思想基础、哲学和伦理学基础，以及当下碳达峰、碳中和的绿色发展政策依据，但陈新华在2021年4月14日《中国能源报》上对碳达峰、碳中和的物理学基础、能源系统学基础、经济学基础、社会学基础进行了创新性的总结。

碳达峰、碳中和的思想基础

“绿水青山就是金山银山”理念

“绿水青山就是金山银山”理念的提出

2005年8月15日，时任浙江省委书记的习近平同志在浙江省安吉县余村考察时指出，“下决心停掉矿山，这些都是高明之举，绿水青山就是金山银山”，“我们过去讲既要绿水青山，又要金山银山，实际上绿水青山就是金山银山”。[①] 这是“绿水青山就是金山银山”理念的首次提出。“绿水青山就是金山银山”的理念提出后，经过理论和实践的深化和升华，形成了一套节约优先、保护优先、绿色发展的发展之路，将生态环境保护融入经济社会政治文化之中，坚持绿色循环低碳发展，并逐渐在全国广泛推广，有力地促进了生态文明建设的进程。

① 刘毅，孙秀艳，寇江泽，赵贝佳．生态兴则文明兴 [N]. 人民日报，2020-08-14.

“既要绿水青山，也要金山银山。宁要绿水青山，不要金山银山，而且绿水青山就是金山银山”，这个理念完整地表述了在生态文明建设中，我们要正确处理好环境与发展、生存与发展、生态与财富的关系。

“绿水青山就是金山银山”理念的内涵

第一，正确处理环境与发展的关系。“既要绿水青山，又要金山银山”，就是正确处理环境与发展的关系，这是“绿水青山就是金山银山”理念对环境和发展问题在新时代的科学定义。

在生态文明的语境下，“绿水青山是生存之本，金山银山是发展之源”，经济发展和生态环境保护是生态文明建设不可分割的内容，两者是统一的，不是对立排斥的。只要坚持人与自然共生和谐的理念，尊重自然、顺应自然、保护自然，就能使“绿水青山”和“金山银山”成为推动生态文明建设的两个巨大动力源，在实现“绿水青山”常在的同时，大力发展绿色产业，形成绿色生活方式。

第二，正确处理生存与发展的关系。“宁要绿水青山，不要金山银山”，就是正确处理生存与发展的关系，这是“绿水青山就是金山银山”理念对生存和发展问题的科学判断。

良好的生态环境和充沛的自然资源是人类生存的首要条件，人类离开了清新的空气、洁净的饮用水、生态的土壤以及大自然提供的资源，一刻也不能生存，发展更是无从谈起。人类要生存就必须用正确的方式发展，在生存的基础上发展，在发展中求生存。“宁要绿水青山，不要金山银山”就是彻底否定破坏生态环境的“国内生产总值”（GDP），正确处理好生存和发展关系。

第三，正确处理生态与财富的关系。“绿水青山就是金山银山”，就是正确处理生态与财富的关系，这是“绿水青山就是金山银山”理念对生态与财富及其增长问题的重新定义。

人类社会的发展，离不开财富的稳步积累和经济的持续增长。在生态文明的视野下，必须将环境与经济作为一个大系统来分析研究，构建生态环境经济系统。在生态环境经济系统内，绿水青山的首要使用价值就是维持、修复生态系统和从整体上支持人类的生存。所以，减少对自然资源的消耗、遏制对生态环境的污染就是保护绿水青山。从这个意义上说，绿水青山是另一层含义上的金山银山，保护绿水青山就是增值金山银山。同时，自然资源、生态环境、生态产品作为一种经济资源，人类可以通过开发利用转化为金山银山，这就是生态经济化的过程。在生态环境经济系统中对自然资源、生态环境、生态产品的消费，要走经济生态化发展之路。只有实现生态经济化和经济生态化的有机统一，才能维护“自然–社会–经济”生态系统的动态平衡，这是“绿水青山就是金山银山”的深层含义。

习近平对实现碳达峰、碳中和的论述

2020 年 9 月 22 日，习近平在第七十五届联合国大会一般性辩论上发表重要讲话，指出：“应对气候变化《巴黎协定》代表了全球绿色低碳转型的大方向，是保护地球家园需要采取的最低限度行动，各国必须迈出决定性步伐。中国将提高国家自主贡献力度，采取更加有力的政策和措施，二氧化碳排放力争于 2030 年前达到峰值，努力争取 2060 年前实现碳中和。各国要树立创新、协调、绿色、开放、共享的新发展理念，抓住新一轮科技革命和产业变革的历史性机遇，推动疫情后世界经济‘绿色复苏’，汇聚起可持续发展的强大合力。”①

2020 年 9 月 30 日，习近平在联合国生物多样性峰会上发表讲话，指出：“中国切实履行气候变化、生物多样性等环境相关条约义务，已提前完成 2020 年应对气候变化和设立自然保护区相关目标。作为世界上最大发展中国家，我们也愿承担与中国发展水平相称的国际责任，为全球环境治理贡献力量。中国将秉持人类命运共同体理念，继续作出艰苦卓绝努力，提高国家自主贡献力度，采取更加有力的政策和措施，二氧化碳排放力争于 2030 年前达到峰值，努力争取 2060 年前实现碳中和，为实现应对气候变化《巴黎协定》确定的目标作出更大努力和

① 习近平在第七十五届联合国大会一般性辩论上发表重要讲话 [EB/OL]．http://www.gov.cn/xinwen/2020-09/22/content_5546168.htm，2020-09-22．

贡献。”[①]

2020年11月12日，习近平在第三届巴黎和平论坛上致辞时指出：“绿色经济是人类发展的潮流，也是促进复苏的关键。中欧都坚持绿色发展理念，致力于落实应对气候变化《巴黎协定》。不久前，我提出中国将提高国家自主贡献力度，力争2030年前二氧化碳排放达到峰值，2060年前实现碳中和，中方将为此制定实施规划。我们愿同欧方、法方以明年分别举办生物多样性、气候变化、自然保护国际会议为契机，深化相关合作。”[②]

2020年11月17日，习近平在金砖国家领导人第十二次会晤上讲话时指出：“我们要坚持绿色低碳，促进人与自然和谐共生。全球变暖不会因疫情停下脚步，应对气候变化一刻也不能松懈。我们要落实好应对气候变化《巴黎协定》，恪守共同但有区别的责任原则，为发展中国家特别是小岛屿国家提供更多帮助。中国愿承担与自身发展水平相称的国际责任，继续为应对气候变化付出艰苦努力。我不久前在联合国宣布，中国将提高国家自主贡献力度，采取更有力的政策和举措，二氧化碳排放力争于2030年前达到峰值，努力争取2060年前实现碳中

---

① 习近平在联合国生物多样性峰会上的讲话 [EB/OL]. http://www.gov.cn/xinwen/2020-09/30/content_5548767.htm，2020-09-30.

② 习近平在第三届巴黎和平论坛的致辞 [EB/OL]. http://www.gov.cn/xinwen/2020-11/12/content_5561059.htm，2020-11-12.

和。我们将说到做到！”[1]

2020年11月22日，习近平在二十国集团领导人利雅得峰会“守护地球”主题边会上致辞时指出：“加大应对气候变化力度。二十国集团要继续发挥引领作用，在《联合国气候变化框架公约》指导下，推动应对气候变化《巴黎协定》全面有效实施。不久前，我宣布中国将提高国家自主贡献力度，力争二氧化碳排放2030年前达到峰值，2060年前实现碳中和。中国言出必行，将坚定不移加以落实。”[2]

2020年12月12日，习近平在气候雄心峰会上讲话时指出：“绿水青山就是金山银山。要大力倡导绿色低碳的生产生活方式，从绿色发展中寻找发展的机遇和动力。中国为达成应对气候变化《巴黎协定》作出重要贡献，也是落实《巴黎协定》的积极践行者。今年9月，我宣布中国将提高国家自主贡献力度，采取更加有力的政策和措施，力争2030年前二氧化碳排放达到峰值，努力争取2060年前实现碳中和。在此，我愿进一步宣布：到2030年，中国单位国内生产总值二氧化碳排放将比2005年下降65%以上，非化石能源占一次能源消费比重将达到25%左右，森林蓄积量将比2005年增加60亿立方米，风电、

---

① 习近平在金砖国家领导人第十二次会晤上的讲话 [EB/OL]. http://www.gov.cn/xinwen/2020-11/17/content_5562128.htm，2020-11-17.

② 习近平在二十国集团领导人利雅得峰会“守护地球”主题边会上的致辞 [EB/OL]. http://www.gov.cn/xinwen/2020-11/22/content_5563383.htm，2020-11-22.

太阳能发电总装机容量将达到12亿千瓦以上。中国历来重信守诺，将以新发展理念为引领，在推动高质量发展中促进经济社会发展全面绿色转型，脚踏实地落实上述目标，为全球应对气候变化作出更大贡献。”①

2021年1月25日，习近平在世界经济论坛“达沃斯议程”对话会上特别致辞时指出：“中国将全面落实联合国2030年可持续发展议程。中国将加强生态文明建设，加快调整优化产业结构、能源结构，倡导绿色低碳的生产生活方式。我已经宣布，中国力争于2030年前二氧化碳排放达到峰值、2060年前实现碳中和。实现这个目标，中国需要付出极其艰巨的努力。我们认为，只要是对全人类有益的事情，中国就应该义不容辞地做，并且做好。中国正在制定行动方案并已开始采取具体措施，确保实现既定目标。中国这么做，是在用实际行动践行多边主义，为保护我们的共同家园、实现人类可持续发展作出贡献。”②

2021年3月15日，习近平在主持召开中央财经委员会第九次会议时强调：“实现碳达峰、碳中和是一场广泛而深刻的经济社会系统性变革，要把碳达峰、碳中和纳入生态文明建设整体布局，拿出抓铁有痕的劲头，如期实现2030年前碳达峰、

① 习近平在气候雄心峰会上的讲话 [EB/OL]. http://www.gov.cn/xinwen/2020-12/13/content_5569138.htm，2020-12-13.

② 习近平在世界经济论坛“达沃斯议程”对话会上的特别致辞 [EB/OL]. http://www.gov.cn/xinwen/2021-01/25/content_5582475.htm，2021-01-25.

2060 年前碳中和的目标。”[①]

2021 年 3 月 22—25 日，习近平在福建考察时指出：“要把碳达峰、碳中和纳入生态省建设布局，科学制定时间表、路线图，建设人与自然和谐共生的现代化。”[②]

2021 年 4 月 2 日，习近平在参加首都义务植树活动时指出：“新发展阶段对生态文明建设提出了更高要求，必须下大气力推动绿色发展，努力引领世界发展潮流。我们要牢固树立绿水青山就是金山银山理念，坚定不移走生态优先、绿色发展之路，增加森林面积、提高森林质量，提升生态系统碳汇增量，为实现我国碳达峰碳中和目标、维护全球生态安全作出更大贡献。”[③]

2021 年 4 月 16 日，习近平在中法德领导人视频峰会上再次重申：“中国作为世界上最大的发展中国家，将完成全球最高碳排放强度降幅，用全球历史上最短的时间实现从碳达峰到碳中和。”[④]

2021 年 4 月 22 日，习近平在“领导人气候峰会”上讲话

---

① 习近平主持召开中央财经委员会第九次会议 [EB/OL]．http://www.gov.cn/xinwen/2021-03/15/content_5593154.htm，2021-03-15．

② 习近平在福建考察 [EB/OL]．http://www.gov.cn/xinwen/2021-03/25/content_5595687.htm，2021-03-25．

③ 习近平在参加首都义务植树活动 [EB/OL]．http://www.gov.cn/xinwen/2021-04/02/content_5597550.htm，2021-04-02．

④ 新华国际时评：中法德领导人视频峰会释放三大信号 [EB/OL]．http://www.gov.cn/xinwen/2021-04/17/content_5600231.htm，2021-04-17．

时指出："中国承诺实现从碳达峰到碳中和的时间，远远短于发达国家所用时间，需要中方付出艰苦努力。中国将碳达峰、碳中和纳入生态文明建设整体布局，正在制定碳达峰行动计划，广泛深入开展碳达峰行动，支持有条件的地方和重点行业、重点企业率先达峰。中国将严控煤电项目，'十四五'时期严控煤炭消费增长、'十五五'时期逐步减少。此外，中国已决定接受《〈蒙特利尔议定书〉基加利修正案》，加强非二氧化碳温室气体管控，还将启动全国碳市场上线交易。"[①]

2021 年 4 月 30 日，习近平在中共中央政治局第二十九次集体学习时指出："要抓住产业结构调整这个关键，推动战略性新兴产业、高技术产业、现代服务业加快发展，推动能源清洁低碳安全高效利用，持续降低碳排放强度。要支持绿色低碳技术创新成果转化，支持绿色技术创新。实现碳达峰、碳中和是我国向世界作出的庄严承诺，也是一场广泛而深刻的经济社会变革，绝不是轻轻松松就能实现的。各级党委和政府要拿出抓铁有痕、踏石留印的劲头，明确时间表、路线图、施工图，推动经济社会发展建立在资源高效利用和绿色低碳发展的基础之上。不符合要求的高耗能、高排放项目要坚决拿下来。"[②]

---

① 习近平在"领导人气候峰会"上的讲话 [EB/OL]. http://www.gov.cn/xinwen/2021-04/22/content_5601526.htm，2021-04-22.

② 习近平主持中央政治局第二十九次集体学习并讲话 [EB/OL]. http://www.gov.cn/xinwen/2021-05/01/content_5604364.htm，2021-05-01.

2021年5月21日，习近平在主持召开中央全面深化改革委员会第十九次会议时强调，要围绕生态文明建设总体目标，加强同碳达峰、碳中和目标任务衔接，进一步推进生态保护补偿制度建设，发挥生态保护补偿的政策导向作用。[①]

① 习近平主持召开中央全面深化改革委员会第十九次会议 [EB/OL]. http://www.gov.cn/xinwen/2021-05/21/content_5610228.htm，2021-05-21.

碳达峰、碳中和的哲学和伦理学基础

生态文明观

生态文明观是碳达峰、碳中和的哲学基础

生态文明观是指人类处理人与自然关系以及由此引发的人与人的关系、自然界生物之间的关系、人与人工自然的关系以及人的身与心（我与非我、心灵与宇宙）的关系的基本立场、观点和方法，是在这种立场、观点和方法指导下人类取得的积极成果的总和。它是一种超越工业文明观、具有建设性的人类生存与发展意识的理念和发展观，它跨越自然地理区域、社会文化模式，从现代科技的整体性出发，以人类与生物圈的共存为价值取向来发展生产力，并从以人类自我为中心转向以人类社会与自然界相互作用为中心，建立生态化的生产关系。生态文明观的核心内容是共生和谐。

中国倡导的生态文明理念正逐步走向世界。2013 年 2 月，

联合国环境规划署第二十七次理事会通过了推广中国生态文明理念的决定草案；2016 年 5 月联合国环境规划署发布《绿水青山就是金山银山：中国生态文明战略与行动》报告，向国际社会展示了中国建设生态文明、实现绿色发展的决心和成效。

生态文明观以生态伦理为价值取向，以工业文明为基础，以信息文明为手段，把以当代人类为中心的发展调整到以人类与自然相互作用为中心的发展上来，从根本上确保了当代人类的发展及其后代持续发展的权利。

生态文明观的内容

第一，正确处理人与自然的关系。人与自然（天然自然）的和谐是人类生存和发展的基础。由于自然界提供了人类生存和发展所需的资源，人与自然的不和谐必将损害人类本身。生态危机自古有之，在农业文明时期，这种危机产生的生态环境的破坏虽然湮灭了历史上曾经辉煌一时的几大古代文明，但总体上说，其影响还是区域性和小时空的，因此即使提出人与自然和谐的观点也无法引起主流社会的足够重视。工业化以来，人类的生态意识还未做出适应性调整，区域性的生态灾难就已经酿成，进而发展成为全球性的生态危机。只有重新定义生产力的内涵，重建生态意识，普及生态伦理，建立和谐的“自然—人—经济”复合系统，才能化解全球性的生态危机，实现经济社会的可持续发展。

第二，正确处理人与人的关系。正确处理人与人之间的关系包括正确处理当代人之间的关系，以维护代内生态公正和个体间生态公正；正确处理当代人与后代人之间的关系，以维护代际生态公正。人类社会的生产关系构成和谐社会的一个重要内容，不合理的生产关系结构一方面会造成人类社会本身的畸形发展，另一方面这种畸形效应会延伸到人与自然的关系以及其他相应的关系上。最典型的是工业化时代对资源的占有和污染的转移，由于不能正确处理人与人、国家与国家的关系，建立在资本原始积累基础上的国际经济旧秩序使得发达国家利用发展中国家的资源和输出污染，造成发展中国家严重的生态灾难和环境污染。这种污染通过全球性循环反过来又影响发达国家的环境，这也是生态文化被颠覆而危及当代人类生存和发展的一个重要表现。只有重建全球生态文化，才能给科学技术重新定向，才能发展生态化的生产力和生产关系。

第三，正确处理自然界生物之间的关系。自然界有数百万种植物、动物、微生物，各物种所拥有的基因和各种生物与环境相互作用所形成的就是生态系统。自然界生物之间追求的是一种动态的平衡，正是这种动态平衡产生的生物多样性对人类生存和发展具有重要的意义。如果人类忽视自然界生物之间的关系，它们间的动态平衡一旦被打破，能否延续下去就会成为人类社会面临的一个问题。

第四，正确处理人与人工自然的关系。人工自然是人利用或改造天然自然，创造天然自然中所不存在的人类文明，分为人工生态系统和人工自然物。人工生态系统包括人造森林、人造牧场、农田生态系统、水产养殖场、城市生态系统、村镇生态系统等，人工自然物是人类利用自然材料制造的各种物品。工业文明带来了科学技术的大发展，反过来现代科学技术的成就又把工业文明推向一个新的阶段，如何处理与科学技术及其产品的关系成为当代人类面临的重大课题。计算机和人工智能、网络和信息高速公路、现代生物技术及核能等的发展与利用将对人类的发展产生巨大影响，如果人类不能正确地利用它们，那么这些现代科学技术将会危害人类本身。

第五，正确处理人的身与心、我与非我、心灵与宇宙的关系。

如何处理人与自然、人与人、自然界生物之间、人与人工自然的关系，最终归结到人怎样看待这个世界。当代社会面临危机四伏的局面，根源在于人的身与心存在严重分裂、人的心灵与宇宙存在巨大差异，来源于人类内心深处的思维指导下的行为使“天人”“人地”关系全面失衡。只有弘扬中国古代崇尚治身与治心和谐统一的理念，明白人的内心比宇宙更广大，不断地开发与开阔内心的空间，生态文明理念才会在全社会形成。

生态公正

生态公正理念是碳达峰、碳中和的伦理学基础

生态公正是指人类在处理人与自然关系以及由此引发的其他相关关系时，不同国家、地区、群体之间拥有的权利与承担的义务必须公平对等，体现了人们在适应自然、改造自然过程中，对其权利和义务、所得与投入的一种公正评价。

生态公正是社会公正理念在生态领域的表现，是针对生态领域所存在的日益严重的破坏问题及权责混乱现象而提出的。从工业革命开始到现在的200多年时间里，美国和欧洲发达国家的二氧化碳累计排放量超过全球排放总量的47%，人均排放量更是远远高于发展中国家。因此，国家或地区在生态权益的享受和生态责任的承担上不匹配。在实现碳达峰、碳中和目标的行动中，要承认并尊重生命及自然界的独特价值，尊崇持续良性发展的人类生存和发展方式，平等地保障所有人的生态权益。

生态公正的内容

第一，种际生态公正。种际生态公正是指人类与大自然之间的生态公正，强调人类与大自然之间应该保持一种适度的开发与保护关系，既不能为了人类的利益破坏大自然生态环境，也不能为了保护自然生态环境而罔顾人类的生存与发展，人与

自然环境之间应构建一种共生共荣、相互协调、相互包容的关系，在能量和物质交换上达到动态平衡，使人类社会能够可持续发展下去。种际生态公正要求人类要有意识地控制自己的行为，合理地利用和改造自然，维护自然生态系统的内在平衡，保护生物的多样性。

第二，群际生态公正。群际生态公正是指人类不同群体之间的生态公正，主要包括代内生态公正和代际生态公正。

代内生态公正指同处一个时代的不同民族及地域群体、不同性别之间的生态公正。代内生态公正强调同一时空下不同群体生态权益和生态责任的对等，任何群体既不能只享有或多享有生态权益而不承担或少承担生态责任，也不能只承担或多承担生态责任而不享有或少享有生态权益。代内生态公正又可分为发达国家与发展中国家之间的国际生态公正、发达地区与欠发达地区之间的域际生态公正、强势群体与弱势群体之间的群际生态公正、男性与女性之间的性别生态公正。

代际生态公正指当代人与后代人之间的生态公正。它强调当代人与后代人在生态资源的利用上要实现动态的平衡，既不能为了当代人利益过度开发自然资源而使子孙后代无自然资源可用，也不能为了子孙后代的利益而使当代人不能使用现有的自然资源，合理的状态应该是自然资源的使用既满足当代人生存发展的需要，又不会对子孙后代的生存与发展构成威胁，为子孙后代留下可供利用的生态资源和发展条件。

第三，个体间生态公正。个体间生态公正是指特定时空之下社会成员个体之间的生态公正。个体间生态公正落脚于每一个社会成员，强调对每一个社会成员在生态权益和生态责任上的对等。个体间生态公正构建着眼于生态权益和生态责任的个体化，通过构建个体间生态公正，形成一个由生态公民构成的社会，为实现碳达峰、碳中和的目标奠定社会基础。

碳达峰、碳中和的绿色发展政策依据

绿色发展指标体系

2016 年 12 月，根据中共中央办公厅、国务院办公厅印发的《生态文明建设目标评价考核办法》的要求，国家发展改革委、国家统计局、环境保护部、中央组织部制定了《绿色发展指标体系》。[①]

绿色发展指标体系包括资源利用、环境治理、环境质量、生态保护、增长质量、绿色生活、公众满意程度 7 个一级指标和 56 个二级指标。

资源利用 | 权重为 29.3%，包括 14 个二级指标：能源消费总量、单位 GDP 能源消耗降低、单位 GDP 二氧化碳排放降低、非化石能源占一次能源消费比重 4 个能源消费指标，用水总量、

① 发展改革委印发《绿色发展指标体系》《生态文明建设考核目标体系》[EB/OL]. http://www.gov.cn/xinwen/2016-12/22/content_5151575.htm，2016-12-22.

万元GDP用水量下降、单位工业增加值用水量降低率、农田灌溉水有效利用系数4个用水指标，耕地保有量、新增建设用地规模、单位GDP建设用地面积降低率3个用地指标，资源产出率、一般工业固体废物综合利用率、农作物秸秆综合利用率3个资源循环利用指标。

环境治理丨权重为16.5%，包括8个二级指标：化学需氧量排放总量减少、氨氮排放总量减少、二氧化硫排放总量减少、氮氧化物排放总量减少4个约束性指标，危险废物处置利用率、生活垃圾无害化处理率、污水集中处理率3个污染物治理指标，环境污染治理投资占GDP比重1个环境治理投入力度指标。

环境质量丨权重为19.3%，包括10个二级指标：地级及以上城市空气质量优良天数比率、细颗粒物（$PM_{2.5}$）未达标地级及以上城市浓度下降2个空气质量指标，地表水达到或好于Ⅲ类水体比例、地表水劣V类水体比例2个地表水质量指标，重要江河湖泊水功能区水质达标率、地级及以上城市集中式饮用水水源水质达到或优于Ⅲ类比例、近岸海域水质优良（一、二类）比例3个水质指标，受污染耕地安全利用率、单位耕地面积化肥使用量、单位耕地面积农药使用量3个耕地质量指标。

生态保护丨权重为16.5%，包括10个二级指标：森林覆盖率、森林蓄积量、草原综合植被覆盖度、自然岸线保有率、湿地保护率、陆域自然保护区面积、海洋保护区面积、新增水土流失治理面积、可治理沙化土地治理率、新增矿山恢复治理面积。

增长质量 | 权重为 9.2%，包括 5 个二级指标：人均 GDP 增长率、居民人均可支配收入、第三产业增加值占 GDP 比重、战略性新兴产业增加值占 GDP 比重、研究与试验发展经费支出占 GDP 比重。

绿色生活 | 权重为 9.2%，包括 8 个二级指标：公共机构人均能耗降低率、绿色产品市场占有率（高效节能产品市场占有率）、新能源汽车保有量增长率、绿色出行（城镇每万人口公共交通客运量）、城镇绿色建筑占新建建筑比重、城市建成区绿地率、农村自来水普及率、农村卫生厕所普及率。

公众满意程度 | 包括公众对生态环境质量满意程度 1 个二级指标，涉及公众对空气质量、饮用水、公园、绿化、绿色出行、污水和危险废物及垃圾处理，以及噪声、光污染、电磁辐射等环境状况的满意度。

绿色发展指数由除“公众满意程度”之外的 55 个指标个体指数加权平均计算而成，计算公式为：

$$Z=\sum_{i=1}^{N} W_i Y_i (N=1, 2, \cdots, 55)$$

式中 Z 为绿色发展指数，Y_i 为指标的个体指数，N 为指标个数，W_i 为指标 Y_i 的权数。

生态文明建设考核目标体系

2016年12月，根据中共中央办公厅、国务院办公厅印发的《生态文明建设目标评价考核办法》的要求，国家发展改革委、国家统计局、环境保护部、中央组织部还制定了《生态文明建设考核目标体系》。[①]

生态文明建设考核目标体系包括资源利用、生态环境保护、年度评价结果、公众满意程度、生态环境事件5项目标类别和23个子目标。

资源利用 | 总分值为30分，包括8个子目标（含分值）：单位GDP能源消耗降低（4分）、单位GDP二氧化碳排放降低（4分）、非化石能源占一次能源消费比重（4分）、能源消费总量（3分）、万元GDP用水量下降（4分）、用水总量（3分）、耕地保有量（4分）、新增建设用地规模（4分）。

生态环境保护 | 总分值为40分，包括12个子目标（含分值）：地级及以上城市空气质量优良天数比率（5分）、细颗粒物（$PM_{2.5}$）未达标地级及以上城市浓度下降（5分）、地表水达到或好于Ⅲ类水体比例（天津、河北、辽宁、上海、江苏、浙江、福建、山东、广东、广西、海南等沿海省份为3分，其他省份为5分）、近岸海域水质优良（Ⅰ类、Ⅱ类）比例（2分，

① 发展改革委印发《绿色发展指标体系》《生态文明建设考核目标体系》[EB/OL]. http://www.gov.cn/xinwen/2016-12/22/content_5151575.htm，2016-12-22.

为天津、河北、辽宁、上海、江苏、浙江、福建、山东、广东、广西、海南等沿海省份）、地表水劣Ⅴ类水体比例（5 分）、化学需氧量排放总量减少（2 分）、氨氮排放总量减少（2 分）、二氧化硫排放总量减少（2 分）、氮氧化物排放总量减少（2 分）、森林覆盖率（4 分）、森林蓄积量（5 分）、草原综合植被覆盖度（3 分）。

年度评价结果 | 总分值为 20 分，包括 1 个子目标：各地区生态文明建设年度评价的综合情况，采用“十三五”期间各地区年度绿色发展指数，每年绿色发展指数最高的地区得 4 分，其他地区的得分按照指数排名顺序依次减少 0.1 分。

公众满意程度 | 总分值为 10 分，包括 1 个子目标：居民对本地区生态文明建设、生态环境改善的满意程度，通过每年调查居民对本地区生态环境质量表示满意和比较满意的人数占调查人数的比例，并将 5 年的年度调查结果算术平均值乘以该目标分值。

生态环境事件 | 此项目标类别为扣分项，包括 1 个子目标：地区重特大突发环境事件、造成恶劣社会影响的其他环境污染责任事件、严重生态破坏责任事件的发生情况，每发生 1 起扣 5 分，该项总扣分不超过 20 分。

根据各地区约束性目标完成情况，生态文明建设目标考核对有关地区进行扣分或降档处理：仅 1 项约束性目标未完成的地区该项考核目标不得分，考核总分不再扣分；2 项约束性目标未完成的地区在相关考核目标不得分的基础上，在考核总分中再扣除 2 项未完成约束性目标的分值；3 项（含）以上约束性目标未完成的地区考核等级直接确定为不合格。其他非约束性目标未完成的地区有关目标不得分，考核总分中不再扣分。

生态文明建设标准体系

2018 年 6 月，国家标准委印发的《生态文明建设标准体系发展行动指南（2018—2020 年）》提出，到 2020 年，我国的生态文明建设标准体系基本建立，制修订核心标准 100 项左右，生态文明建设领域国家技术标准创新基地达到 3~5 个；生态文明建设领域重点标准实施进一步强化，开展生态文明建设领域相关标准化试点示范 80 个以上，形成一批标准化支撑生态文明建设的优良实践案例；开展生态文明建设领域标准外文版翻译 50 项以上，与“一带一路”沿线国家生态文明建设标准化交流与合作进一步深化。[①]

生态文明建设标准体系框架包括空间布局、生态经济、生态环境、生态文化 4 个标准子体系，标准体系框架根据发展需要进行动态调整。

---

① 国家标准委关于印发《生态文明建设标准体系发展行动指南（2018—2020 年）》的通知 [EB/OL]. http://www.beihai.gov.cn/syzt/zyhbdcbdbg/mtbd/201806/t20180628_1681147.html，2018-06-28.

空间布局｜包括4个指标：陆地空间布局（自然资源确权赋权活权、国土空间用途管制、绿色矿山、自然保护区与国家公园、沙化土地封禁保护区、城市化地区综合整治、农村土地综合整治、生态功能区综合整治、矿产资源开发集中区综合整治等），海洋空间布局（海岸带保护与利用、海岛保护与利用、海洋灾害风险区划、围填海管理、海洋权属管理、海岸线保护与利用、海域动态监视监测等），生态人居（生态城市、生态小镇、生态社区、美丽乡村等），生态基础设施（交通运输基础设施、给排水基础设施、水利基础设施、环保环卫基础设施、新能源供应基础设施等）。

生态经济｜包括4个指标：能源资源节约与利用（传统能源清洁高效利用、资源节约利用、资源循环利用、新能源与可再生能源等），生态农业（生态农林产品、生态农林业生产设施、生态农林业生产技术、农林产品流通等），绿色工业（绿色设计、绿色生产、绿色产品、绿色供应链等），生态服务业（节能环保评价、绿色金融、绿色物流、生态旅游等）。

生态环境｜包括4个指标：环境质量（环境监测技术方法、环境健康与安全评价、污染物排放、环境质量评价与分级、环境管理技术等），污染防治（环境风险防控、大气污染防治、水污染防治、土壤污染防治、固体废物与化学品污染控制、农业面源污染防治、噪声污染防治、辐射防护、海洋污染防治等），生态保护修复（生态保护修复管理与技术、生态系统服务功能评价、生态承载力与生态足迹、生物多样性保护、生态安全等)，应对气候变化(碳排放核算与报告、低碳评价、碳捕获与储存等)。

生态文化丨包括3个指标：绿色消费、绿色出行、生态文化教育。

美丽中国建设评估指标体系

2020年2月，国家发展改革委印发了《美丽中国建设评估指标体系及实施方案》，指标体系包括空气清新、水体洁净、土壤安全、生态良好、人居整洁5类指标，分类细化提出22项具体指标。[①]

空气清新丨包括3个指标：地级及以上城市细颗粒物($PM_{2.5}$)浓度、地级及以上城市可吸入颗粒物(PM_{10})浓度、地级及以上城市空气质量优良天数比例。

水体洁净丨包括3个指标：地表水水质优良(达到或好于Ⅲ类)比例、地表水劣Ⅴ类水体比例、地级及以上城市集中式饮用水水源地水质达标率。

土壤安全丨包括5个指标：受污染耕地安全利用率、污染地块安全利用率、农膜回收率、化肥利用率、农药利用率。

---

① 国家发展改革委关于印发《美丽中国建设评估指标体系及实施方案》的通知 [EB/OL]. http://www.gov.cn/zhengce/zhengceku/2020-03/07/content_5488275.htm，2020-03-07.

生态良好 | 包括5个指标：森林覆盖率、湿地保护率、水土保持率、自然保护地面积占陆域国土面积比例、重点生物物种种数保护率。

人居整洁 | 包括6个指标：城镇生活污水集中收集率、城镇生活垃圾无害化处理率、农村生活污水处理和综合利用率、农村生活垃圾无害化处理率、城市公园绿地500米服务半径覆盖率、农村卫生厕所普及率。

在评估实施过程中，由开展美丽中国建设进程评估的第三方机构可根据有关地区的不同特点，选取各地区美丽中国建设的特征性指标进行评估，体现各地区差异化的特性。

由自然资源部、生态环境部、住房城乡建设部、水利部、农业农村部、国家林草局等部门根据工作职责，综合考虑我国发展阶段、资源环境现状以及对标先进国家水平，分阶段研究提出2025年、2030年、2035年美丽中国建设预期目标，并结合各地区经济社会发展水平、发展定位、产业结构、资源环境禀赋等因素，同地方科学合理分解各地区目标，在目标确定和分解上体现地区差异。

绿色 GDP 核算

为全面贯彻落实习近平生态文明思想和“绿水青山就是金山银山”理念，指导和规范绿色国民经济总值（绿色GDP/

GGDP）或经环境调整的国内生产总值（EDP）核算工作，定量反映经济发展过程中的资源消耗和环境代价，补充和扩展现有国民经济核算体系，保证环境经济核算过程中核算方法的科学性、规范性和可操作性，生态环境部环境规划院制定了《绿色GDP（GGDP/EDP）核算技术指南（试用）》。①

绿色GDP核算是在国民经济核算（GDP）的基础上，扣除人类在经济生产活动中产生的环境退化成本、生态破坏成本和突发生态环境事件损失后剩余的生产总值。

$$GGDP = GDP - EnDC - EcDC - EaC$$

式中的 GDP 为国内生产总值，$EnDC$ 为环境退化成本，$EcDC$ 为生态破坏成本，EaC 为突发生态环境事件损失。

陆地生态系统生产总值核算

为全面贯彻落实习近平生态文明思想和“绿水青山就是金山银山”理念，以及《中共中央关于全面深化改革若干重大问题的决定》《关于加快推进生态文明建设的意见》《生态文明体制改革总体方案》中建立生态效益评估机制、促进人与自然和谐的部署，保障国家和区域生态安全，指导和规范陆地生态系统生产总值核算工作，提高陆地生态系统生产总值实物量与价

① 王金南，於方，彭菲等. 绿色GDP（GGDP/EDP）核算技术指南（试用）[R]. 北京：生态环境部环境规划院，2020.

值量核算的科学性、规范性和可操作性，2020 年 9 月，生态环境部环境规划院发布了《陆地生态系统生产总值（GEP）核算技术指南》[①]。

生态系统生产总值核算生态系统物质产品价值、调节服务价值和文化服务价值，不包括生态支持服务价值。根据不同的核算目的，核算不同类型的生态系统生产总值。

核算生态系统对人类福祉和经济社会发展支撑作用时，核算生态系统的物质产品价值、调节服务价值和文化服务价值之和：

$$GEP = EPV + ERV + ECV$$

核算生态保护成效与生态效益时，核算生态系统的调节服务价值和文化服务价值：

$$GEP = ERV + ECV$$

式中，GEP 为生态系统生产总值，EPV 为生态系统物质产品价值，ERV 为生态系统调节服务价值，ECV 为生态系统文化服务价值。

生态系统生产总值核算指标体系由物质产品、调节服务和

---

① 欧阳志云，王金南，肖燚等. 陆地生态系统生产总值（GEP）核算技术指南[R]. 北京：生态环境部环境规划院，中国科学院生态环境研究中心，2020. 另见：欧阳志云，郑启伟，杨武等. 生态系统生产总值（GEP）核算技术规范 陆域生态系统（DB33/T 2274—2020）[S]. 杭州：浙江省市场监督管理局，2020；欧阳志云，韩宝龙，孙芳芳等. 深圳市生态系统生产总值核算技术规范（DB4403/T 141—2021）[S]. 深圳：深圳市市场监督管理局，2021.

文化服务三大类服务构成，其中物质产品主要包括农业产品、林业产品、畜牧业产品、渔业产品、生态能源等；调节服务主要包括水源涵养、土壤保持、防风固沙、海岸带防护、洪水调蓄、碳固定、氧气提供、空气净化、水质净化、气候调节和物种保育；文化服务主要包括休闲旅游、景观价值。

生态系统生产总值实物量核算包括三大类：物质产品实物量核算、调节服务实物量核算、文化服务实物量核算。

生态系统服务价值量核算在生态系统生产总值实物量核算的基础上，确定各类生态系统服务的价格，核算生态服务价值。在生态系统生产总值价值量核算中，物质产品价值主要用市场价值法核算，调节服务价值主要用替代成本法进行核算，文化服务价值使用旅行费用法。

经济生态生产总值核算

为全面贯彻落实习近平生态文明思想和“绿水青山就是金山银山”理念，建立和完善生态产品价值实现机制，保障经济生态生产总值实物量与价值量核算的科学性、规范性和可操作性，指导和规范经济生态生产总值（GEEP）核算工作，生态环境部环境规划院制定了《经济生态生产总值（GEEP）核算技术指南（试用）》。[①]

经济生态生产总值是在国民经济生产总值的基础上，考虑人类在经济生产活动中对生态环境的损害和生态系统给经济系统提供的生态福祉，即在绿色 GDP 核算的基础上，增加生态系统给人类提供的生态福祉。其中，生态环境退化成本包括环境退化成本和生态破坏成本，生态系统对人类的福祉用 GEP 表示，因 GEP 中的产品供给服务和文化服务价值已在 GDP 中进行了核算，需予以扣除。GEEP 是一个有增有减、有经济有生态、体现"绿水青山"和"金山银山"价值的综合指标。

经济生态生产总值的概念模型为：

$$GEEP = GGDP + GEP - (GGDP \cap GEP)$$
$$= (GDP - EnDC - EcDC - EaC) + (EPS + ERS + ECS) - (EPS + ECS)$$
$$= (GDP - EnDC - EcDC - EaC) + ERS$$

式中，*GGDP* 为绿色 *GDP*，*GEP* 为生态系统生产总值，$GGDP \cap GEP$ 为 *GGDP* 与 *GEP* 的重复部分，*GDP* 为国内生产总值，*EnDC* 为环境退化成本，*EcDC* 为生态破坏成本，*EaC* 为突发生态环境事件损失，*ERS* 为生态系统调节服务，*EPS* 为生态系统产品供给服务，*ECS* 为生态系统文化服务。

在核算结果的政策应用中，可通过绿金指数（*GGI*）和生态产品初级转化率（*PTR*）两个指标对区域"绿水青山"和

---

① 王金南，於方，马国霞等. 经济生态生产总值（GEEP）核算技术指南（试用）[R]. 北京：生态环境部环境规划院，2020.

“金山银山”转化关系进行分析。

$$GGI=\frac{GEP}{GGDP}$$

$$PTR=\frac{(EPS+ECS)}{GEP}$$

式中，*GGI* 为绿金指数，*GGDP* 为绿色 *GDP*，*PTR* 为生态产品初级转化率，*EPS* 为生态系统产品供给服务，*ECS* 为生态系统文化服务。

碳达峰、碳中和相关标准

温室气体量化标准

ISO 14064 系列标准 ｜ 国际标准化组织于 2006 年发布，2018 年、2019 年修订，规定了核算温室气体排放量的统一标准。ISO 14064-1 是组织层面上对温室气体排放和清除的量化和报告的规范性指南，ISO 14064-2 是项目层面上温室气体排放减量和清除增量的量化、监测和报告的规范性指南，ISO 14064-3 则是温室气体申明审定和核查的规范性指南。

PAS 2050 ｜《PAS 2050：2011 商品和服务在生命周期内的温室气体排放评价规范》是英国标准协会于 2011 年发布，用商品和服务的生命周期评价其温室气体排放量。

GHG Protocol ｜《温室气体核算体系：企业核算与报告标

准》由世界资源组织和世界可持续发展工商理事会发布，2009年发布修订稿、2012年发布最终版，是专门针对企业或项目的温室气体报告准则，规定了计量和报告温室气体排放的相关会计问题。

ISO 14067 | 国际标准化组织2013年发布，用以解决产品碳足迹具体计算方法，ISO 14067-1为量化/计算，ISO 14067-2为沟通/标识。

碳中和标准

PAS 2060 | 英国标准协会2010年推出了PAS 2060碳中和承诺，提出了通过温室气体排放的量化、还原和补偿来实现和实施碳中和的组织所必须符合的规定，适用于所有实体和个人以及标的物。

ISO 14068 | 国际标准化组织2020年2月启动了《碳中和及相关声明实现温室气体中和的要求与原则》（ISO 14068）的制定，预计2023年正式发布，将用于规范组织、企业、政府、产品、建筑、活动和服务等各类对象的碳中和活动。

《大型活动碳中和实施指南（试行）》| 2019年5月由生态环境部发布，规定了在特定时间和场所内开展的较大规模聚集行动的碳中和计划、实施减排行动、量化温室气体排放、碳中和活动以及碳中和评价。

《乘用车生命周期碳排放核算技术规范》| 2021年7月由中

国汽车技术研究中心有限公司发布，规范了中国境内销售的乘用车的全生命周期碳排放核算，核算指标为乘用车单位行驶里程的碳排放量，通过生命周期单位行驶里程平均碳排放、原材料获取阶段碳排放量、生产阶段碳排放量、使用阶段碳排放量核算，实现乘用车的碳减排。

第三章

以绿色低碳循环发展实现碳达峰、碳中和

我国要实现碳达峰、碳中和的目标，必须结合当前及未来一段时期发展的实际，制订科学的行动方案，以绿色低碳循环发展实现碳达峰、碳中和的目标。通过发展低碳经济改变能源结构推进节能减排、降低投入减少排放、发展循环经济充分利用资源、倡导共享经济节约资源，加快建立健全绿色低碳循环发展的经济。

传统发展模式使二氧化碳排放失衡

全球“高碳经济”带来碳排放的大量增加

国际能源署的相关数据显示，1750—2019 年，全球二氧化碳累计排放超过 1.65 万亿吨，其中美国累计排放约 0.41 万亿吨、欧盟经济体约为 0.28 万亿吨、中国约为 0.22 万亿吨、俄罗斯约为 0.11 万亿吨、英国约为 0.08 万亿吨，分别占全球二氧化碳排放的约 25%、17.4%、13%、6.9%、4.7%。

19 世纪以前，英国的二氧化碳排放占据了全球的绝大部分。20 世纪下半叶，随着工业化进程的加快，中国的二氧化碳排放量显著增加。2019 年，全球排放二氧化碳约为 364 亿吨，其中中国约为 102 亿吨、美国约为 52.8 亿吨、印度约为 26 亿吨、俄罗斯约为 17 亿吨、欧盟经济体约为 29 亿吨，分别占全球二氧化碳排放的约 27.9%、14.5%、7.2%、4.6%、8%。现阶段英国二氧化碳排放量约为 4 亿吨，占全球排放量的约 1%。人均二氧化碳排放量美国约为 16.1 吨、韩国约为 11.9 吨、日本约为 8.7 吨、中国约为 7.1 吨、英国约为 5.5 吨。在 1900—2019 年的 120 年里，全球的人均累计碳排放约为 209.62 吨，中国约为 157.39 吨。

从行业看，在 2019 年全球二氧化碳排放量中，电力和热力生产行业约为 140 亿吨，约占 40%，其中美国、欧洲和中国的电力和热力生产行业分别约为 18.5 亿吨、14.1 亿吨和 49.2 亿吨；全球工业二氧化碳排放量约为 61.6 亿吨，约占 17%，其中美国约为 4.6 亿吨、欧洲约为 5.5 亿吨、中国约为 26.7 亿吨；全球交通运输业二氧化碳排放量约为 82.6 亿吨，约占 23%，其中美国约为 17.6 亿吨、欧洲约为 11.1 亿吨、中国约为 9.3 亿吨。英国石油公司 BP 发布的 2020 年《BP 世界能源统计年鉴》显示，中国 GDP 占全球比重已达约 17%，但能耗约占全球的 24.27%，二氧化碳排放约占全球的 28.76%。

能源结构和布局不合理导致碳排放量巨大

中国的经济是以煤为主要能源的“高碳经济”，近几十年来的经济高速发展是在人口数量巨大、人均收入低、能源强度大、能源结构不合理的条件下实现的，它使中国的资源和环境严重透支。

中国是当前世界上最大的碳排放国、最大的煤炭生产国和消费国，能源消费主要依靠煤炭。《2020 中国生态环境状况公报》显示，2020 年中国能源消费总量为 49.8 亿吨标准煤，比 2019 年增长 2.2%，煤炭消费量增长 0.6%，原油消费量增长 3.3%，天然气消费量增长 7.2%，电力消费量增长 3.1%。煤炭消费量占能源消费总量的 56.8%，天然气、水电、核电、风电等清洁能源消费量占能源消费总量的 24.3%。

中国能源以燃煤为主，不仅燃料消耗量大、消耗强度高，而且能源利用率低。而在美国，水能资源开发比重已经达到了 70%~80%，在欧洲的冰岛、挪威等国，水能资源利用比例已达到 90% 以上，而中国水能资源的开发比重还不到 30%。

中国碳核算数据库显示，2017 年二氧化碳排放总量最高的 4 个省区是山东、江苏、河北和内蒙古，分别达到 8.06 亿吨、7.36 亿吨、7.26 亿吨和 6.39 亿吨，海南、青海和北京的二氧化碳排放总量最低，分别为 0.42 亿吨，0.53 亿吨和 0.85 亿吨。

单位产值能耗高增加碳排放量

中国单位 GDP 的能耗是发达国家的 3~4 倍，是日本的 8 倍、美国的 6 倍、印度的 2.8 倍。中国平均能源利用率仅为 33% 左右，工业用水重复利用率平均为 55%，比发达国家低 10%~25%。工业万元产值用水量高达 100 立方米，是国外先进水平的 10 倍，比世界平均水平高 3 倍。因此，可以说，中国是世界上产值能耗最高的国家之一。中国因为单位 GDP 的能耗、物耗和水耗过高，单位 GDP 排放的二氧化硫和氮氧化物是发达国家的 8~9 倍。农业用水量大且效率低下，灌溉水利用率仅为 43%，发达国家则为 70%~80%。2020 年《BP 世界能源统计年鉴》显示，中国单位 GDP 碳排放强度约为世界平均水平的 3 倍。

中国能源利用率低，目前能源利用率仅为 30% 左右，而西欧、日本和美国的能源利用率达到 42%~51%。中国生产 1 美元国民生产总值的商品需要 2.67 千克标准煤，而欧盟只需要 0.38 千克标准煤；同一指标，世界平均水平为 0.52 千克标准煤。同能源利用率高的国家相比，中国相当于 1 年要多耗用 2 亿吨标准煤。

中国碳核算数据库显示，2017 年单位 GDP 所排放的二氧化碳量（碳排放强度）最高的 4 个省区是宁夏、内蒙古、新疆和山西，分别为 5.1 万吨 / 亿元、4.0 万吨 / 亿元、3.7 万吨 / 亿元和 3.1 万吨 / 亿元，北京、广东、上海和福建最低，分别为 0.3 万吨 / 亿元、0.6 万吨 / 亿元、0.6 万吨 / 亿元和 0.7 万吨 / 亿元。

产业结构影响二氧化碳排放的降低

我国的产业结构一直处于不合理的状态，当前产业结构的最大问题是落后产能大，产能过剩问题十分突出，主要集中在炼铁、炼钢、焦炭、铁合金、电石、电解铝、铜冶炼、铅冶炼、锌冶炼、水泥、平板玻璃、造纸、酒精、味精、柠檬酸、制革、印染、化纤、铅蓄电池等工业行业。这些行业能耗高、污染物排放量大，如果淘汰落后产能、处置“僵尸”企业、推动产业重组，就能更好地推进供给侧结构改革，预防污染的产生。

中国的二氧化碳排放主要来源是电力热力的生产及供应业、石油加工炼焦及核燃料加工业、化学原料及化学制品制造业、有色金属冶炼及压延加工业、黑色金属冶炼及压延加工业、非金属矿物制品业六大高耗能行业。中国碳核算数据库显示，2017 年电热气水、金属制品和非金属矿物制品三大行业的二氧化碳排放量占总排放量的比例分别为 46.6%、19.7% 和 13.2%。

应对气候变化健全绿色低碳循环发展经济体系

中国应对气候变化的政策与行动

2021 年 7 月，在 2021 年生态文明贵阳国际论坛“碳达峰碳中和与生态文明建设”主题论坛上，生态环境部发布了《中国应对气候变化的政策与行动 2020 年度报告》，全面总结了 2019 年以来中国在应对气候变化方面的政策与行动及取得的成效。①

强化顶层设计

把碳达峰、碳中和纳入生态文明建设整体布局 | 2020 年，习近平对碳达峰、碳中和做出了重要的指示。党的十九届五中

① 生态环境部发布《中国应对气候变化的政策与行动 2020 年度报告》[EB/OL]. https://www.mee.gov.cn/ywdt/xwfb/202107/t20210713_846582.shtml, 2021-07-13。

全会、2020年中央经济工作会议对碳达峰、碳中和做出了重要部署。中央财经委员会第九次会议提出，实现碳达峰、碳中和是一场广泛而深刻的经济社会系统性变革，要把碳达峰、碳中和纳入生态文明建设整体布局，拿出抓铁有痕的劲头，如期实现2030年前碳达峰、2060年前碳中和的目标。

加强碳达峰、碳中和相关研究 | 落实党中央关于碳达峰、碳中和重大决策部署，加快推进碳达峰、碳中和顶层设计，研究制订了2030年前碳达峰行动方案。开展努力争取2060年前碳中和战略研究，开展实现碳中和的重大领域、关键技术、关键产业、重要制度安排和政策研究。

推进应对气候变化规划编制 | 生态环境部起草了“十四五”应对气候变化专项规划编制大纲，自然资源部研究编制《全国国土空间规划纲要（2021—2035年）》并制定印发了《市级国土空间总体规划编制指南（试行）》，国家林草局制订印发《2019年林业和草原应对气候变化重点工作安排与分工方案》，民航局推进“十四五”民航绿色发展规划前期研究和编制工作，铁路局积极将铁路应对气候变化工作纳入铁路相关发展规划中，工业和信息化部组织编制《船舶工业中长期发展规划（2021—2035年）》。

启动《国家适应气候变化战略2035》编制工作 | 生态环境部牵头开展《国家适应气候变化战略2035》编制各项相关工作，组建了专家咨询委员会，并研究提出提升自然领域适应气候变

化能力、强化经济领域适应气候变化韧性、增强社会领域气候变化适应水平的任务要求。

减缓气候变化

调整产业结构丨2016 年以来，中国持续严格控制高耗能产业扩张，依法依规淘汰落后产能，加快化解过剩产能，加快产业绿色低碳转型。大力发展服务业，支持战略性新兴产业发展。

节能提高能效丨各部委通过制定一系列政策，推进了工业和信息化领域节能，推进建筑领域节能、交通领域节能、公共机构领域节能，以及推广节能技术与产品。

优化能源结构丨“十三五”期间，通过实施能源消费总量和强度双控、推动化石能源清洁化利用、有效推进北方地区清洁取暖、大力发展非化石能源，能源结构得到极大优化。

控制非二氧化碳温室气体排放丨农业领域持续推进化肥减量增效、畜禽粪污资源化利用等工作，减少农业领域甲烷和氧化亚氮排放；废弃物领域稳步有序推进生活垃圾分类工作，加快推进生活垃圾焚烧处理设施建设，补齐厨余垃圾和有害垃圾处理设施短板，加大对生活垃圾分类后再生资源的管理和规范；工业领域积极推动绿色制造体系建设，开展智能光伏应用试点示范工作，持续开展高全球增温潜势含氟气体管控工作，发布《消耗臭氧层物质和氢氟碳化物管理条例（修订草案征求意见稿）》，积极推动《蒙特利尔议定书》基加利修正案的批约，推进氧化亚氮、六氟化硫等温室气体排放控制研究。

增加生态系统碳汇 | 增加森林与草原碳汇，2019 年全国共完成造林 1.06 亿亩、森林抚育 1.14 亿亩，种草改良草原 4720 万亩，治理沙化土地 3390 万亩，完成石漠化综合治理 371 万亩，新增沙化土地封禁保护区 8 个，新增封禁面积 120 万亩，封禁总面积达 2610 万亩；增加湿地等其他碳汇，开展泥炭沼泽碳库调查，深化二氧化碳地质储存与资源化利用调查研究，实施多井组规模化二氧化碳驱水、驱油与地质储存全流程工程；增加农田土壤碳汇，开展有机肥替代化肥行动，2019 年有机肥施用面积超过 5.5 亿亩次，实施东北黑土地保护性耕作行动计划，推进秸秆综合利用。

加强温室气体与大气污染物协同控制 | 印发《重点行业挥发性有机物综合治理方案》《工业炉窑大气污染综合治理方案》，协同控制温室气体排放；印发《统筹和加强应对气候变化与生态环境保护相关工作的指导意见》，推动实现应对气候变化与生态环境治理的协同增效。

低碳试点与地方行动 | 持续推进低碳试点示范工作，截至 2020 年 6 月，34 个低碳省市试点编制“十三五”时期的低碳发展相关规划 36 份，17 个低碳省市试点开展了碳排放峰值目标及实施路线图研究；开展地方性自主低碳发展创新行动，建设绿色交通体系。

适应气候变化

农业领域 | 推进高标准农田建设，2019 年全国新增高标准农田 8150 万亩，统筹推进高效节水灌溉面积 2000 万亩；推广旱作节水农业技术，在华北、西北等旱作区建立 220 个高标准旱作节水农业示范区，提高水资源利用效率。

水资源领域 | 加强水利基础设施建设，有力提升了流域区域水安全保障程度；完善水资源配置，实施国家节水行动，开展节水型城市创建工作，继续加强农田灌排设施改造建设，推动海水淡化在沿海严重缺水城市高耗水行业的规模化应用；加强水生态保护修复，由水利部出台《关于做好河湖生态流量确定和保障工作的指导意见》，发布两批次跨省重点河湖保障目标，2019 年全国新增水土流失综合治理面积 6.68 万平方千米；推动河长湖长制“有名有实”，各地共明确省市县乡四级河长、湖长 30 多万名，村级河长、湖长 90 多万名；提升水利信息化水平，由水利部印发实施《智慧水利总体方案》，启动水利网信水平提升三年行动（2019—2021 年）。基本完成国家地下水监测、水资源监控能力、防汛抗旱指挥系统二期、水利安全生产监管等信息化工程建设。

森林和其他陆地生态系统 | 加强资源保护与修复，发展改革委、自然资源部印发《全国重要生态系统保护和修复重大工程总体规划（2021—2035 年）》全国 19.44 亿亩天然林得以休养生息，完成森林和草原有害生物防治面积达 2.82 亿亩；推动

湿地保护和恢复，国家林草局出台《国家重要湿地认定和名录发布规定》，编制黄河流域湿地保护修复实施方案，2019 年实施湿地保护和恢复项目 387 个，安排退耕还湿 30 万亩，恢复退化湿地 110 万亩，全国湿地保护率达到 52.19%；提升生态系统服务功能，加快推进生态保护红线划定和自然保护地整合优化工作，将生态保护红线勘界定标、精准落地。

海岸带和沿海生态系统 | 开展沿海生态修复工作，开展“蓝色海湾”整治行动，推进红树林保护修复，实施海岸带保护修复工程，探索开展蓝色碳汇研究及试点工作，组织开展红树林碳汇监测，推进红树林生态修复碳汇交易试点。

城市领域 | 开展了气候适应型城市建设试点梳理，推进了城市生态修复和功能不断完善，大力发展装配式建筑，推进海绵城市建设，深入推进城市园林绿化，有力保障了能源安全。

人体健康领域 | 开展健康影响监测响应，持续开展空气污染（雾霾）天气对人群健康影响监测与风险评估，制订洪涝、干旱、台风等不同灾种自然灾害卫生应急工作方案，加强气候变化条件下媒介传播疾病的监测与防控，开展气候敏感区寄生虫病调查和处置；组织健康影响研究，开展区域人群气象敏感性疾病专项调查，开展气候变化健康风险评估策略和技术研究，加强气候变化对寄生虫病传播风险影响评估研究。

综合防灾减灾 | 编制完成《“十四五”解决防洪薄弱环节实施方案》，全力做好水旱灾害防御，提升海洋灾害防范和应

对能力，气象灾害风险管理和适应能力不断加强，气候资源开发利用与气候可行性论证工作稳步推进，地质灾害综合防治能力不断加强。

适应气候变化国际合作 | 积极开展适应气候变化国际合作，成立了全球适应中心中国办公室，延续了中国适应气候变化国际合作良好势头。

完善体制机制

推动立法和标准制定 | 开展应对气候变化和环境保护法律制度相关性研究，进一步完善应对气候变化法律草案，推动地方做好应对气候变化相关立法工作，研究完善应对气候变化相关标准体系，组织开展温室气体排放核算方法与报告指南等国家标准的修订工作，研究制定乘用车等碳排放标准，引导相关行业低碳转型。

推进绿色制度建设 | 从加快构建绿色金融标准体系、强化金融机构监管和信息披露要求、点面结合以不断完善政策激励约束体系三个方面推动绿色金融体系建设；同发展改革委、人民银行、银保监会、证监会联合印发《关于促进应对气候变化投融资的指导意见》，推进气候投融资，组织开展国家自主贡献重点项目库设计、国家自主贡献重点项目评估标准等气候投融资重点问题研究；财政部会同税务总局、发展改革委、生态环境部发布《关于从事污染防治的第三方企业所得税政策问题

的公告》,《中华人民共和国车辆购置税法》自 2019 年 7 月 1 日起正式实施，并由财务部、税务总局、工业和信息化部联合发布《关于新能源汽车免征车辆购置税有关政策的公告》，完善税收政策支持；制修订绿色产品认证、标准，指导认证机构开展碳足迹、碳中和、减碳产品认证试点。

加快全国碳排放权交易市场建设 | 全国碳排放权交易市场建设加快推进，北京、天津、上海、重庆、广东、湖北、深圳等碳排放权交易试点保持市场平稳运行，温室气体自愿减排交易机制改革有序开展。

加强基础能力

加强温室气体统计核算体系建设 | 市场监管总局下达了重点行业温室气体排放核算与报告要求，公开征求《农作物温室气体排放核算指南》草案的意见。国管局印发了《公共机构能源资源消费统计调查制度》(2019 年版)。国资委积极引导中央企业开展温室气体统计核算，部分中央企业建立了碳资产管理信息系统。交通运输部发布了涵盖营运客货车能效及二氧化碳排放、营运客货车能耗限制及在线监测等 68 项标准。民航局组织完成了我国运输航空公司监测计划审核、排放报告系统建设和各航空公司 2019 年度飞行活动二氧化碳排放报告和核查报告审核，会同港澳民航主管部门完成了 2019 年度我国民航二氧化碳排放报告编制，完成了 6 家具备航空排放核查资质机

构认可工作。国家林草局印发了《2019年全国林业碳汇计量监测体系建设工作方案》，第二次全国林业碳汇计量监测已进入成果汇总分析阶段，制订了第三次全国林业碳汇计量监测优化技术方案，并发布了《竹林碳计量规程》等行业标准。

强化科技支撑 | 多部门围绕应对气候变化基础科学研究开展了大量工作，并开展了基础科学研究；开展了低碳相关技术研发和推广应用工作，有力地提升了应对气候变化的技术研发和应用水平；推进气候变化对金融风险影响的前瞻性研究，人民银行组织完成高碳企业对实体经济和银行压力传导路径的深入研究，在长三角区域承接了超低能耗数据中心建设示范工程等绿色技术转移转化项目；积极参与气候变化科学国际合作，助力应对气候变化科学的国际合作。

拓展学科建设 | 推进气候变化相关专业建设，多所高校在《普通高等学校本科专业目录》中新增气候变化相关本科专业；加强在线开放课程建设，教育部鼓励高校建设了百余门与气候变化有关的各类在线课程。

开展全民行动

2019年以来，中国政府加强引导，发挥媒体的传播作用，鼓励企业和公民积极行动，全民应对气候变化的意识不断提升，形成全社会广泛参与的绿色低碳发展格局。

积极开展应对气候变化国际交流与合作

推动联合国框架下气候多边进程丨建设性推动《联合国气候变化框架公约》下的谈判进程，与各方一道积极推进《巴黎协定》实施细则遗留问题谈判；积极参与《联合国气候变化框架公约》渠道下有关线上活动，积极支持《联合国气候变化框架公约》秘书处和主席国的信息交流活动，积极参加“六月造势”“气候变化对话”等线上系列活动，与各方广泛交流，完成《联合国气候变化框架公约》下的第二次促进性信息分享，并积极参加主席国举办的重点议题系列视频磋商会议，参加“基础四国”“立场相近发展中国家”“七十七国集团和中国”等谈判集团内部视频协调会。

参与其他多边气候谈判及合作丨积极组织和参与其他气候相关多边会议与磋商，在国际气候合作倡议与项目中做出“中国贡献”，组织开展联合国政府间气候变化专门委员会报告政府审评工作。

加强应对气候变化双边对话丨应对气候变化成为中外双边高级别外交的重要内容；应对气候变化双边合作成果丰硕，继续推进与德国、俄罗斯、日本、欧盟及国际能源署的能效双边合作。

深化应对气候变化“南南合作”丨“南南合作”低碳示范区建设项目取得新突破，老挝低碳示范区项目正式扬帆启航，塞舌尔低碳示范区于2020年完成招标采购工作，柬埔寨低碳示范区建设工作全面展开，“南南合作”物资援助项目打开新局面，完成交付的援智利电动大巴车项目首次将低碳交通纳入气候变化“南南合作”范围，援埃塞俄比亚微小卫星项目于2020年完成交付……与联合国相关机构等积极探索在气候变化领域开展“南南合作”的可能性。

健全绿色低碳循环发展经济体系

建立健全绿色低碳循环发展经济体系的总体要求

建立健全绿色低碳循环发展经济体系，促进经济社会发展全面绿色转型，是解决我国资源环境生态问题的基础之策。2021年2月，国务院印发了《关于加快建立健全绿色低碳循环发展经济体系的指导意见》，明确提出了建立健全绿色低碳循环发展经济体系的总体要求。①

到2025年，产业结构、能源结构、运输结构明显优化，绿色产业比重显著提升，基础设施绿色化水平不断提高，清洁生产水平持续提高，生产生活方式绿色转型成效显著，能源资源配置更加合理、利用效率大幅提高，主要污染物排放总量持续减少，碳排放强度明显降低，生态环境持续改善，市场导向的绿色技术创新体系更加完善，法律法规政策体系

① 国务院关于加快建立健全绿色低碳循环发展经济体系的指导意见 [EB/OL]. http://www.gov.cn/zhengce/content/2021-02/22/content_5588274.htm，2021-02-22.

更加有效，绿色低碳循环发展的生产体系、流通体系、消费体系初步形成。到2035年，绿色发展内生动力显著增强，绿色产业规模迈上新台阶，重点行业、重点产品能源资源利用效率达到国际先进水平，广泛形成绿色生产生活方式，碳排放达峰后稳中有降，生态环境根本好转，美丽中国建设目标基本实现。

健全绿色低碳循环发展的生产体系

《关于加快建立健全绿色低碳循环发展经济体系的指导意见》提出，健全绿色低碳循环发展的生产体系。①

推进工业绿色升级 | 加快实施钢铁、石化、化工、有色、建材、纺织、造纸、皮革等行业绿色化改造。推行产品绿色设计，建设绿色制造体系。大力发展再制造产业，加强再制造产品认证与推广应用。建设资源综合利用基地，促进工业固体废物综合利用。全面推行清洁生产，依法在“双超双有高耗能”行业实施强制性清洁生产审核。完善“散乱污”企业认定办法，分类实施关停取缔、整合搬迁、整改提升等措施。加快实施排污许可制度。加强工业生产过程中危险废物管理。

加快农业绿色发展 | 鼓励发展生态种植、生态养殖，加强

① 国务院关于加快建立健全绿色低碳循环发展经济体系的指导意见 [EB/OL]. http://www.gov.cn/zhengce/content/2021-02/22/content_5588274.htm，2021-02-22.

绿色食品、有机农产品认证和管理。发展生态循环农业，提高畜禽粪污资源化利用水平，推进农作物秸秆综合利用，加强农膜污染治理。强化耕地质量保护与提升，推进退化耕地综合治理。发展林业循环经济，实施森林生态标志产品建设工程。大力推进农业节水，推广高效节水技术。推行水产健康养殖。实施农药、兽用抗菌药使用减量和产地环境净化行动。依法加强养殖水域滩涂统一规划。完善相关水域禁渔管理制度。推进农业与旅游、教育、文化、健康等产业深度融合，加快一二三产业融合发展。

提高服务业绿色发展水平丨促进商贸企业绿色升级，培育一批绿色流通主体。有序发展出行、住宿等领域共享经济，规范发展闲置资源交易。加快信息服务业绿色转型，做好大中型数据中心、网络机房绿色建设和改造，建立绿色运营维护体系。推进会展业绿色发展，指导制定行业相关绿色标准，推动办展设施循环使用。推动汽修、装修装饰等行业使用低挥发性有机物含量原辅材料。倡导酒店、餐饮等行业不主动提供一次性用品。

壮大绿色环保产业丨建设一批国家绿色产业示范基地，推动形成开放、协同、高效的创新生态系统。加快培育市场主体，鼓励设立混合所有制公司，打造一批大型绿色产业集团；引导中小企业聚焦主业，增强核心竞争力，培育“专精特新”中小企业。推行合同能源管理、合同节水管理、环境污染第三方治理等模式和以环境治理效果为导向的环境托管服务。进一步放开石油、化工、电力、天然气等领域节能环保竞争性业务，鼓励公共机构推行能源托管服务。适时修订绿色产业指导目录，引导产业发展方向。

提升产业园区和产业集群循环化水平 | 科学编制新建产业园区开发建设规划，依法依规开展规划环境影响评价，严格准入标准，完善循环产业链条，推动形成产业循环耦合。推进既有产业园区和产业集群循环化改造，推动公共设施共建共享、能源梯级利用、资源循环利用和污染物集中安全处置等。鼓励建设电、热、冷、气等多种能源协同互济的综合能源项目。鼓励化工等产业园区配套建设危险废物集中贮存、预处理和处置设施。

构建绿色供应链 | 鼓励企业开展绿色设计、选择绿色材料、实施绿色采购、打造绿色制造工艺、推行绿色包装、开展绿色运输、做好废弃产品回收处理，实现产品全周期的绿色环保。选择 100 家左右积极性高、社会影响大、带动作用强的企业开展绿色供应链试点，探索建立绿色供应链制度体系。鼓励行业协会通过制定规范、咨询服务、行业自律等方式提高行业供应链绿色化水平。

健全绿色低碳循环发展的流通体系

《关于加快建立健全绿色低碳循环发展经济体系的指导意

见》提出，健全绿色低碳循环发展的流通体系。[①]

打造绿色物流 | 积极调整运输结构，推进铁水、公铁、公水等多式联运，加快铁路专用线建设。加强物流运输组织管理，加快相关公共信息平台建设和信息共享，发展甩挂运输、共同配送。推广绿色低碳运输工具，淘汰更新或改造老旧车船，港口和机场服务、城市物流配送、邮政快递等领域要优先使用新能源或清洁能源汽车；加大推广绿色船舶示范应用力度，推进内河船型标准化。加快港口岸电设施建设，支持机场开展飞机辅助动力装置替代设备建设和应用。支持物流企业构建数字化运营平台，鼓励发展智慧仓储、智慧运输，推动建立标准化托盘循环共用制度。

加强再生资源回收利用 | 推进垃圾分类回收与再生资源回收“两网融合”，鼓励地方建立再生资源区域交易中心。加快落实生产者责任延伸制度，引导生产企业建立逆向物流回收体系。

鼓励企业采用现代信息技术实现废物回收线上与线下有机结合，培育新型商业模式，打造龙头企业，提升行业整体竞争力。完善废旧家电回收处理体系，推广典型回收模式和经验做法。加快构建废旧物资循环利用体系，加强废纸、废塑料、废旧轮胎、废金属、废玻璃等再生资源回收利用，提升资源产出

---

① 国务院关于加快建立健全绿色低碳循环发展经济体系的指导意见 [EB/OL]. http://www.gov.cn/zhengce/content/2021-02/22/content_5588274.htm，2021-02-22.

率和回收利用率。

建立绿色贸易体系 | 积极优化贸易结构，大力发展高质量、高附加值的绿色产品贸易，从严控制高污染、高耗能产品出口。加强绿色标准国际合作，积极引领和参与相关国际标准制定，推动合格评定合作和互认机制，做好绿色贸易规则与进出口政策的衔接。深化绿色“一带一路”合作，拓宽节能环保、清洁能源等领域技术装备和服务合作。

健全绿色低碳循环发展的消费体系

《关于加快建立健全绿色低碳循环发展经济体系的指导意见》提出，健全绿色低碳循环发展的消费体系。①

促进绿色产品消费 | 加大政府绿色采购力度，扩大绿色产品采购范围，逐步将绿色采购制度扩展至国有企业。加强对企业和居民采购绿色产品的引导，鼓励地方采取补贴、积分奖励等方式促进绿色消费。推动电商平台设立绿色产品销售专区。加强绿色产品和服务认证管理，完善认证机构信用监管机制。推广绿色电力证书交易，引领全社会提升绿色电力消费。严厉打击虚标绿色产品行为，有关行政处罚等信息纳入国家企业信用信息公示系统。

倡导绿色低碳生活方式 | 厉行节约，坚决制止餐饮浪费行

① 国务院关于加快建立健全绿色低碳循环发展经济体系的指导意见 [EB/OL]. http://www.gov.cn/zhengce/content/2021-02/22/content_5588274.htm，2021-02-22.

为。因地制宜推进生活垃圾分类和减量化、资源化，开展宣传、培训和成效评估。扎实推进塑料污染全链条治理。推进过度包装治理，推动生产经营者遵守限制商品过度包装的强制性标准。提升交通系统智能化水平，积极引导绿色出行。深入开展爱国卫生运动，整治环境脏乱差，打造宜居生活环境。开展绿色生活创建活动。

加快基础设施绿色升级

《关于加快建立健全绿色低碳循环发展经济体系的指导意见》提出，加快基础设施绿色升级。[①]

推动能源体系绿色低碳转型 | 坚持节能优先，完善能源消费总量和强度双控制度。提升可再生能源利用比例，大力推动风电、光伏发电发展，因地制宜发展水能、地热能、海洋能、氢能、生物质能、光热发电。加快大容量储能技术研发推广，提升电网汇集和外送能力。增加农村清洁能源供应，推动农村发展生物质能。促进燃煤清洁高效开发转化利用，继续提升大容量、高参数、低污染煤电机组占煤电装机比例。在北方地区县城积极发展清洁热电联产集中供暖，稳步推进生物质耦合供热。严控新增煤电装机容量，提高能源输配效率。实施城乡配电网建设和智能升级计划，推进农村电网升级改造。加快天然气基础设施

① 国务院关于加快建立健全绿色低碳循环发展经济体系的指导意见 [EB/OL]. http://www.gov.cn/zhengce/content/2021-02/22/content_5588274.htm，2021-02-22.

建设和互联互通。开展二氧化碳捕集、利用和封存试验示范。

推进城镇环境基础设施建设升级丨推进城镇污水管网全覆盖。推动城镇生活污水收集处理设施“厂网一体化”，加快建设污泥无害化资源化处置设施，因地制宜布局污水资源化利用设施，基本消除城市黑臭水体。加快城镇生活垃圾处理设施建设，推进生活垃圾焚烧发电，减少生活垃圾填埋处理。加强危险废物集中处置能力建设，提升信息化、智能化监管水平，严格执行经营许可管理制度。提升医疗废物应急处理能力。做好餐厨垃圾资源化利用和无害化处理。在沿海缺水城市推动大型海水淡化设施建设。

提升交通基础设施绿色发展水平丨将生态环保理念贯穿交通基础设施规划、建设、运营和维护全过程，集约利用土地等资源，合理避让具有重要生态功能的国土空间，积极打造绿色公路、绿色铁路、绿色航道、绿色港口、绿色空港。加强新能源汽车充换电、加氢等配套基础设施建设。积极推广应用温拌沥青、智能通风、辅助动力替代和节能灯具、隔声屏障等节能环保先进技术和产品。加大工程建设中废弃资源综合利用力度，推动废旧路面、沥青、疏浚土等材料以及建筑垃圾的资源化利用。

改善城乡人居环境丨相关空间性规划要贯彻绿色发展理念，统筹城市发展和安全，优化空间布局，合理确定开发强度，鼓励城市留白增绿。建立“美丽城市”评价体系，开展“美丽城市”建设试点。增强城市防洪排涝能力。开展绿色社区创建行动，大力发展绿色建筑，建立绿色建筑统一标识制度，结合城镇老旧小区改造推动社区基础设施绿色化和既有建筑节能改造。建立乡村建设评价体系，促进补齐乡村建设短板。加快推进农村人居环境整治，因地制宜推进农村改厕、生活垃圾处理和污水治理、村容村貌提升、乡村绿化美化等。继续做好农村清洁供暖改造、老旧危房改造，打造干净整洁有序美丽的村庄环境。

构建市场导向的绿色技术创新体系

《关于加快建立健全绿色低碳循环发展经济体系的指导意见》提出，构建市场导向的绿色技术创新体系。①

鼓励绿色低碳技术研发 | 实施绿色技术创新攻关行动，围绕节能环保、清洁生产、清洁能源等领域布局一批前瞻性、战略性、颠覆性科技攻关项目。培育建设一批绿色技术国家技术创新中心、国家科技资源共享服务平台等创新基地平台。强化企业创新主体地位，支持企业整合高校、科研院所、产业园区等力量建立市场化运行的绿色技术创新联合体，鼓励企业牵头或参与财政资金支持的绿色技术研发项目、市场导向明确的绿色技术创新项目。

加速科技成果转化 | 积极利用首台（套）重大技术装备政

---

① 国务院关于加快建立健全绿色低碳循环发展经济体系的指导意见 [EB/OL]. http://www.gov.cn/zhengce/content/2021-02/22/content_5588274.htm，2021-02-22.

策支持绿色技术应用。充分发挥国家科技成果转化引导基金作用，强化创业投资等各类基金引导，支持绿色技术创新成果转化应用。支持企业、高校、科研机构等建立绿色技术创新项目孵化器、创新创业基地。及时发布绿色技术推广目录，加快先进成熟技术推广应用。深入推进绿色技术交易中心建设。

完善法律法规政策体系

《关于加快建立健全绿色低碳循环发展经济体系的指导意见》提出，完善相关的法律法规政策体系。[①]

强化法律法规支撑 | 推动完善促进绿色设计、强化清洁生产、提高资源利用效率、发展循环经济、严格污染治理、推动绿色产业发展、扩大绿色消费、实行环境信息公开、应对气候变化等方面法律法规制度。强化执法监督，加大违法行为查处和问责力度，加强行政执法机关与监察机关、司法机关的工作衔接配合。

健全绿色收费价格机制 | 完善污水处理收费政策，按照覆盖污水处理设施运营和污泥处理处置成本并合理盈利的原则，合理制定污水处理收费标准，健全标准动态调整机制。按照产生者付费原则，建立健全生活垃圾处理收费制度，各地区可根据本地实际情况，实行分类计价、计量收费等差别化管理。完

① 国务院关于加快建立健全绿色低碳循环发展经济体系的指导意见 [EB/OL]. http://www.gov.cn/zhengce/content/2021-02/22/content_5588274.htm，2021-02-22.

善节能环保电价政策，推进农业水价综合改革，继续落实好居民阶梯电价、气价、水价制度。

加大财税扶持力度 | 继续利用财政资金和预算内投资支持环境基础设施补短板强弱项、绿色环保产业发展、能源高效利用、资源循环利用等。继续落实节能节水环保、资源综合利用以及合同能源管理、环境污染第三方治理等方面的所得税、增值税等优惠政策。做好资源税征收和水资源费改税试点工作。

大力发展绿色金融 | 发展绿色信贷和绿色直接融资，加大对金融机构绿色金融业绩评价考核力度。统一绿色债券标准，建立绿色债券评级标准。发展绿色保险，发挥保险费率调节机制作用。支持符合条件的绿色产业企业上市融资。支持金融机构和相关企业在国际市场开展绿色融资。推动国际绿色金融标准趋同，有序推进绿色金融市场双向开放。推动气候投融资工作。

完善绿色标准、绿色认证体系和统计监测制度 | 开展绿色标准体系顶层设计和系统规划，形成全面系统的绿色标准体系。加快标准化支撑机构建设。加快绿色产品认证制度建设，培育一批专业绿色认证机构。加强节能环保、清洁生产、清洁能源等领域统计监测，健全相关制度，强化统计信息共享。

培育绿色交易市场机制 | 进一步健全排污权、用能权、用水权、碳排放权等交易机制，降低交易成本，提高运转效率。加快建立初始分配、有偿使用、市场交易、纠纷解决、配套服务等制度，做好绿色权属交易与相关目标指标的对接协调。

推进绿色低碳循环发展

加快经济绿色转型

我国要力争2030年前实现碳达峰，2060年前实现碳中和，必须加快经济绿色转型，大力发展低碳经济，推进绿色低碳循环发展。

低碳经济是一种通过发展低碳能源技术，建立低碳能源系统、低碳产业结构、低碳技术体系，倡导低碳消费方式的经济发展模式。低碳经济以低碳排放、低消耗、低污染为特征，技术创新和制度创新是低碳经济的核心。低碳经济将打造全新的生态系统，对政府行为、企业活动、民众生活产生巨大的影响。

从当前看，低碳经济是要造就低能耗、低污染的经济，减少温室气体的排放；从长远看，低碳经济是打造一个持续发展的人类社会生产方式和消费方式的重要途径。欧盟持续引领向低碳经济的转变，2018年《BP世界能源展望》显示，到2040年，欧盟通过渐进转型，碳排放将比2016年下降超过35%，单位GDP碳排放是世界平均值的50%，所消费的能源约为其在1975年的消费量，而GDP规模是1975年的3倍，非化石能源能满足40%的能源需求，高于世界平均的25%。

中国发展低碳经济，从外部因素看，是为了履行《巴黎协定》及与其他国家合作共同应对气候变化的长期挑战，在政治上体现崛起的发展中大国对世界应负起的责任；从内部因素看，发展低碳经济，可以促进技术创新，调整产业结构，形成一个新的经济增长极，使有限的能源投入能有更多的产出，转变经济增长方式，推动经济持续发展。

发展低碳经济必须以先进的低碳技术作为支撑。要使化石能源得到清洁高效利用和大力发展新能源，实现传统产业低碳化，实现工业热电联产和工业余热、余压、余能的综合利用，大力发展生产工艺节能技术，建设低碳城市，建立低碳交通运输体系。"十三五"期间，在28个城市开展了气候适应城市试点工作，开展了3批共6个省区81个城市低碳省市试点建设，强化应对气候变化和生态环境保护工作统筹协调。

《"十四五"规划和2035年远景目标纲要》提出，实施重大节能低碳技术产业化示范工程，开展近零能耗建筑、近零碳排放、碳捕集利用与封存（CCUS）等重大项目示范。

2021年5月，生态环境部印发的《关于加强高耗能、高排放建设项目生态环境源头防控的指导意见》提出，将碳排放影响评价纳入环境影响评价体系，新建、改建、扩建“两高”项目须满足碳排放达峰目标。

“十四五”期间，我国在应对气候变化、推动经济社会绿色转型发展方面，突出以降碳为源头治理的“牛鼻子”，编制“十四五”应对气候变化专项规划，以2030年前二氧化碳排放达峰倒逼能源结构绿色低碳转型和生态环境质量协同改善。①到2030年，中国单位国内生产总值二氧化碳排放将比2005年下降65%以上，森林蓄积量将比2005年增加60亿立方米。

当前，许多国家承诺要大幅度消减碳排放量并在未来实现“净零排放”。虽然全球碳排放仍将继续，但不会增加，排放可以被大气等量吸收而达到平衡。欧盟、日本、韩国以及其他110多个国家和地区承诺到2050年实现碳中和，我国将制订2030年前碳排放达峰行动方案，力争2030年前实现碳达峰，2060年前实现碳中和。在2021年4月16日举行的中法德领导人视频峰会上，中国宣布接受《〈蒙特利尔议定书〉基加利修正案》，加强氢氟碳化物等非二氧化碳温室气体管控。

① 章轲.“十四五”生态环保如何规划？环境部敲定十大政策着力点[EB/OL]. https://www.yicai.com/news/100841851.html，2020-11-18.

大力发展低碳产业

优先发展低碳农业

现代农业是高碳农业，发展低碳农业要从以下三个方面着手。一是大幅度减少化肥农药的使用，降低农业生产对化石能源的依赖，走有机农业的路子。如以粪肥和堆肥作为化肥的替代品，提高土壤有机质含量，改善土壤肥力。要通过秸秆还田、深耕与中耕轮作，引入蚯蚓、微生物等共同熟化土壤，增加根系营养能力。二是充分利用农业剩余能量，如秸秆资源用作饲料、肥料、培养料等原料，也可以利用秸秆发酵生产乙醇燃料。三是在农村推广普及太阳能和沼气技术，在规模化养殖的基础上，获取生物质能。

积极发展低碳工业

提高高碳产业准入市场门槛，通过外商投资准入特别管理措施（负面清单），坚决把那些高碳产业挡在中国制造业门槛之外。近年来，一些发达国家将高碳产业向发展中国家转移，如钢铁、石化、印染等产业均加快了向发展中国家转移的速度。这些产业转移进来，短期内可促进当地经济发展，但从长期来看，有可能对转移国的相关产业产生“锁定”效应，再转出去，就会对其就业及经济发展产生很大的冲击。因此在这一点上，一定要保持定力，坚持发展标准不降低、发展低碳经济不动摇。

就中国国内而言，中西部地区要对承接东部地区的高碳产业梯度转移慎之又慎，要着眼于长远，大力发展绿色产业，为绿色发展打下坚实的基础。

中国制定了大力发展实体经济、发展先进制造业的战略，这里的先进制造业除了技术先进之外，也是指低能耗、低污染、低排放的制造业。先进制造业是一个完整的体系，包括“设计、制造、品牌”三大环节，仅仅关注中间制造环节是不够的，我们要向制造业两端发力，既要做好前端产品技术设计与开发，又要做好后端品牌建设，促使先进制造业向低碳产业转型。

大力发展低碳型第三产业

从目前来看，现代生产性服务业一般都具有知识密集型和技术密集型特点，大多属于低碳产业。比如信息产业就是一个典型的低碳产业，软件制造具有低能耗、低污染、低排放的特征，其功能则越来越强大，其附加值越来越高。互联网、物联网作为人类社会新技术革命的重要内容，正呈现出越来越大的发展空间，它们应该成为我们未来重点发展的产业。2020 年我国第三产业增加值占比已达到 54.5%，尽管得到了很大的发展，但与发达国家 70% 以上的占比相比，还有巨大的发展空间，金融、保险、物流、咨询、广告、旅游、养生、新闻、出版、医疗、教育、文化、科研、技术服务等是我们未来发展的重点领域。通过发展低碳型的第三产业，有力推动产业结构的调整步伐。

开展低碳技术创新

发展低碳经济，必须以先进的低碳技术作为支撑。

首先，要使化石能源得到清洁高效利用，需要加大新技术研发力度，应用先进节能降耗技术、清洁技术对传统化石能源进行高效化、清洁化改造，实现工业热电联产和工业余热、余压、余能的综合利用。要大力发展生产工艺节能技术，发展工业碳捕集、利用与封存技术（CCUS）。

其次，要大力发展新能源、绿色能源，推广水力发电、超导临界发电、第二代和第三代核电、单 / 多 / 非晶硅光伏电池、整体煤气化联合循环发电、生物质利用，继续向风力发电、薄膜光伏电池、太阳能热发电、电厂碳捕集利用与封存技术、分布式电网耦合技术、第四代核电的发展，逐步实现氢能规模利用和发展高效储能技术、超导电力技术，向核聚变、海洋能发电和天然气水合物（可燃冰）中获取新能源。

再次，建设低碳城市，在建筑上推广热泵技术、围护结构保温，开展太阳能热利用，实现区域热电联供和采暖空调、采光通风系统节能，发展 LED 照明技术，逐步实现低碳建筑的低碳化。

最后，建立低碳交通运输系统，在近期发展燃油汽车节能技术，实施混合动力汽车和新型轨道交通，发展高能量密度动力电池、电动汽车和利用生物质液体燃料，逐步向燃料电池汽车、第二代生物燃料和第三代生物燃料过渡。

推进资源节约集约循环利用

要实现绿色低碳循环发展，必须推进资源节约集约循环利用。要不断降低能耗、节约能源和资源，实行资源的集约循环利用。

《2020中国生态环境状况公报》显示，2020年单位国内生产总值二氧化碳排放同比下降1.0%，比2015年下降18.8%，完成“十三五”单位国内生产总值二氧化碳排放下降18%的目标。

“十三五”期间，全国单位GDP二氧化碳排放持续下降，基本扭转了二氧化碳排放总量快速增长的局面，截至2019年底，碳排放强度比2015年下降18.2%，提前完成了“十三五”约束性目标。碳强度比2005年降低48.1%，非化石能源占能源消费比重达到15.3%，提前完成了我国向国际社会承诺的2020年目标。2019年我国规模以上企业单位工业增加值能耗比2015年累计下降超过15%，相当于节能4.8亿吨标准煤，节约了能源成本，大约节约了4000亿元。我国绿色建筑占城镇新建民用建筑比例达到60%，通过城镇既有居民居住建筑的节能改造，提升建筑运行效率，有效地改善了人居环境，惠及2100多万户居民。2010年以来，中国新能源汽车快速增长，销量占全球新能源汽车的 55%，目前我国也是全球新能源汽车保有量最多的国家。2019 年与 2016 年相比，全国万元国内生产总值用水量由 81 立方米降至 60.8 立方米，万元工业增加值用水量由 52.8 立方米降至 38.4 立方米，农田灌溉水有效利用系数由 0.542 提高到 0.559。

《“十四五”规划和 2035 年远景目标纲要》提出，全面提高资源利用效率。坚持节能优先方针，深化工业、建筑、交通等领域和公共机构节能，推动 5G、大数据中心等新兴领域能效提升，强化重点用能单位节能管理，实施能量系统优化、节能技术改造等重点工程，加快能耗限额、产品设备能效强制性国家标准制修订。实施国家节水行动，建立水资源刚性约束制度，强化农业节水增效、工业节水减排和城镇节水降损，鼓励再生水利用，单位 GDP 用水量下降约 16%。加强土地节约集约利用，加大批而未供和闲置土地处置力度，盘活城镇低效用地，支持工矿废弃地恢复利用，完善土地复合利用、立体开发支持政策，新增建设用地规模控制在 2950 万亩以内，推动单位 GDP 建设用地使用面积稳步下降。提高矿产资源开发保护水平，发展绿色矿业，建设绿色矿山。

要实行资源的集约循环利用，必须大力发展循环经济。循环经济要求把经济活动组织成一个“资源—产品—再生资源”的反馈式流程，以“低开采、高利用、低排放”为特征。所有的物质和能源要能在这个不断进行的经济循环中得到合理和持久的利用，以把经济活动对自然环境的影响降低到尽可能小的程度。

在发达国家，循环经济正成为一股潮流和趋势。面对经济发展中的高消耗、高污染和资源环境的约束性问题，中国正在寻求经济增长模式的全面转变，大力发展循环经济。10多年来，中国的循环经济快速发展。

发展循环经济，在企业层面积极推行清洁生产，在工业集中地区或开发区建立生态工业园区，同时有计划、分步骤地在一些地方开展循环经济的试点工作。截至2015年6月，国家发展改革委同有关部门已经累计确定了5批100个园区循环化改造示范试点园区、6批49个国家“城市矿产”示范基地和5批100个餐厨废弃物资源化利用和无害化处理试点城市（区）。2005—2013年，循环经济发展取得了一定的进展，全国资源消耗强度改善34.7%，废物排放强度改善46%，污染物处置率上升74.6%，循环经济综合发展指数从2005年的基数100上升到2013年的137.6。

“十三五”时期，我国循环经济发展成效显著。与2015年相比，2020年我国主要资源产出率提高了约26%，单位GDP能源消耗继续大幅下降，单位GDP用水量降低了28%。2020年农作物秸秆综合利用率达86%以上，大宗固废综合利用率达56%。再生资源利用能力显著增强，2020年建筑垃圾综合利用率达50%；废纸利用量约5490万吨；废钢利用量约2.6亿吨，替代 62% 的品位铁精矿约 4.1 亿吨；再生有色金属产量 1450 万吨，占国内 10 种有色金属总产量的 23.5%，其中再生铜、再生铝和再生铅产量分别为 325 万吨、740 万吨、240 万吨。①

《“十四五”规划和 2035 年远景目标纲要》提出，构建资源循环利用体系。全面推行循环经济理念，构建多层次资源高效循环利用体系。深入推进园区循环化改造，补齐和延伸产业链，推进能源资源梯级利用、废物循环利用和污染物集中处置。加强大宗固体废弃物综合利用，规范发展再制造产业。加快发展种养有机结合的循环农业。加强废旧物品回收设施规划建设，完善城市废旧物品回收分拣体系。推行生产企业“逆向回收”等模式，建立健全线上线下融合、流向可控的资源回收体系。拓展生产者责任延伸制度覆盖范围。推进快递包装减量化、标准化、循环化。开展 60 个大中城市废旧物资循环利用体系建设。

2021 年 7 月，国家发展改革委印发的《“十四五”循环经济发展规划》指出，大力发展循环经济，推进资源节约集约循环利用，对保障国家资源安全，推动实现碳达峰、碳中和，促进生态文明建设具有十分重要的意义。围绕工业、社会生活、农业三大领域，提出了“十四五”循环经济发展的主要任务是：通过推行重点产品绿色设计、强化重点行业清洁生产、推

---

① 国家发展改革委关于印发“十四五”循环经济发展规划的通知 [EB/OL]. https://www.ndrc.gov.cn/xxgk/zcfb/ghwb/202107/t20210707_1285527.html，2021-07-07.

进园区循环化发展、加强资源综合利用、推进城市废弃物协同处置，构建资源循环型产业体系，提高资源利用效率；通过完善废旧物资回收网络、提升再生资源加工利用水平、规范发展二手商品市场、促进再制造产业高质量发展，构建废旧物资循环利用体系，建设资源循环型社会；通过加强农林废弃物资源化利用、加强废旧农用物资回收利用、推行循环型农业发展模式，深化农业循环经济发展，建立循环型农业生产方式。明确了“十四五”时期循环经济领域的重点工程和行动，包括城市废旧物资循环利用体系建设、园区循环化发展、大宗固废综合利用示范、建筑垃圾资源化利用示范、循环经济关键技术与装备创新五大重点工程，以及再制造产业高质量发展、废弃电器电子产品回收利用、汽车使用全生命周期管理、塑料污染全链条治理、快递包装绿色转型、废旧动力电池循环利用六大重点行动。到 2025 年，资源循环型产业体系基本建立，覆盖全社会的资源循环利用体系基本建成，资源利用效率大幅提高，再生资源对原生资源的替代比例进一步提高，循环经济对资源安全的支撑保障作用进一步凸显。其中，主要资源产出率比 2020 年提高约 20%，单位 GDP 能源消耗、用水量比 2020 年分别降低约 13.5%、16%，农作物秸秆综合利用率保持在 86% 以上，大宗固废综合利用率达到 60%，建筑垃圾综合利用率达到 60%，废纸、废钢利用量分别达到 6000 万吨、3.2 亿吨，再生有色金属产量达到 2000 万吨，资源循环利用产业产值达到 5 万亿元。

发展共享经济

在经济发展过程中，不同的人拥有不同的资源，这种资源在不用时会闲置，造成了资源的浪费。共享经济将社会上的各种资源重新配置、整合和优化，使其发挥最大作用，有效地减少碳排放。

共享经济作为未来经济的三个趋势（共享经济、社群经济、虚拟经济）之一，是一种全新的经济模式，人们通过互联网共享能源、信息和实物，使用权代替了所有权，共享价值代替了交换价值。

互联网等信息通信技术的创新应用为共享经济的发展提供了条件，区块链打造新型平台经济，开启共享经济新时代。从资源节约的角度看，共享经济能大幅提高现有资源存量的使用率、提升自然资源的使用效率。当前，共享经济正逐步渗透包括知识、技能、信息资源等服务领域。

共享经济的崛起，在产品、空间、知识、劳务、技能、资金、生产能力等方面催生了一个全新的服务业，是推动经济社会持续和联动发展的重要力量。随着对个人闲置资源、企业闲置资源、公共闲置资源的不断分享，共享经济跨领域、多层次整合资源的优势会越来越明显，突破资源、环境的困境，将闲置资源与外部市场的有效需求对接起来，大幅提升综合承载力，改变人们的生活方式，影响人们的思想方式，带来巨大的商业变革和社会变革。[①]

《中国共享经济发展报告（2020）》显示，2019年我国共享经济市场交易规模为32828亿元，位居前三的生活服务、生产能力、知识技能领域规模分别为17300亿元、9205亿元和3063亿元。

《循环发展引领行动》《关于促进分享经济发展的指导性意见》《关于做好引导和规范共享经济健康良性发展有关工作的通知》提出，创新消费理念，大力发展分享经济，支持发展就业新形态。

扩大碳汇潜力

增加碳汇以提高对温室气体的吸收也是减排的重要途径。增加碳汇主要通过以下几个途径。

一是增加森林碳汇。森林碳汇是最有效的固碳方式，应通过植树造林、退化生态系统的修复、建立农林复合系统、加强森林管理等提高林地生产力，进而增加森林碳汇。要通过减少林木砍伐、采伐措施改进、木材利用效率提高、森林灾害防治

---

① 倪云华，虞仲轶．共享经济大趋势 [M]．北京：机械工业出版社，2015；周颖，张遥，王存福等．生产要素分享激发经济新增长点 [N]．经济参考报，2016-09-28；国家信息中心信息化研究部，中国互联网协会分享经济工作委员会．中国分享经济发展报告 [R]．北京：国家信息中心信息化研究部，2016.

加强等措施来保护森林碳贮存。要通过使用其他清洁能源替代薪柴、采伐剩余物的回收利用、木材深加工、木材循环利用等措施来实现碳替代。

二是增加耕地碳汇。耕地碳汇是陆地生态碳汇的重要组成部分，也是最活跃的部分之一。我国农田土壤有机碳较低，南方约为0.8%~1.2%，华北约为0.5%~0.8%，西北大都在0.5%以下，而美国为2.5%~4%，所以我国增加耕地碳汇有着很大的空间，需要在这一方面加大投入，以增加耕地碳汇。

三是增加草原碳汇。这方面的主要工作是防止草原退化和开垦，要降低放牧密度、围封草场，实施人工种草和退化草原修复。此外，加大优良牧草引入和优化畜牧业管理也是改善草原碳汇的重要方法。

四是重视海洋碳汇。海洋是地球生态系统中最大的碳库，其固碳能力是大气的50倍、陆地生态系统的20倍，对应陆地的“绿色碳汇”，海洋碳汇是“蓝色碳汇”，是海洋生物吸收和存储大气中的二氧化碳的能力或容量。要重视海洋碳汇的作用和核算，在深入研究海洋碳汇的基础上，在碳交易中引入海洋碳汇交易，进一步扩大碳汇潜力。

第四章

碳达峰、碳中和与生态系统

传统工业化破坏了人类赖以生存的生态环境，出现了全球性的资源危机。要在全球范围内普遍实现碳达峰、碳中和，使气候变化控制在人类可承受的范围之内，是一种通过气候行动来带动生态环境保护的全球性举措。世界各国坚持节约资源、保护环境、修复生态，就能尽早使各国都实现碳达峰、碳中和，促进全球经济和社会的持续发展。

碳达峰、碳中和与资源

碳达峰、碳中和与水资源

地球上的水资源总量约为13.86亿立方千米，淡水资源仅占水资源总量的2.5%，约为3500万立方千米，真正能够供人类利用的江河湖泊以及地下水中的一部分资源仅占地球水资源总量的约0.25%，且水资源分布严重不均。不到10个国家集中了全球约65%的淡水资源，严重缺水的国家和地区有80个，约占世界人口总数的40%。

中国的水资源严重短缺。《中华人民共和国2020年国民经济和社会发展统计公报》显示，2020年全年水资源总量为30963亿立方米。2020年，中国的人均占有量约为2190立方米，约为世界人均占有量的1/4，80%的水资源集中在长江以南，16个省份重度缺水，有6个省份处于极度缺水状态，600个城市中缺水的有近400个，严重缺水的有108个。

水资源短缺严重影响人类的生存和发展，关系到一个国家经济和社会的持续发展和长治久安。世界银行指出，目前水资源丰沛的地区可能会面临缺水，已经缺水的地区缺水状况会进一步恶化，淡水资源减少和水资源的不安全会增加发生冲突的风险，干旱引起的粮价暴涨则有可能激发潜在的冲突。保护水资源和水环境、节约用水，在维护全球水生态平衡的同时，也能有效减少碳排放，实现碳达峰、碳中和。

碳达峰、碳中和与能源、矿产资源

能源和矿产资源是人类社会存在和发展的物质基础，人类所需能源的 97% 来自不可再生的矿物能源。20 世纪以来，人类对矿物能源的消耗量一直呈指数增长，油气储量日趋枯竭，一些重要矿产资源严重短缺。

发达国家从 1980 年以来 GDP 增加了两倍多，占世界总值的比例也从 70.8% 增加到了 79.7%，而能源总量仅增加了 11.03 亿吨。但高收入国家人口仅增加了 1.2 亿，并从 1980 年占世界人口的 14.9% 降到了 12%。发达国家占世界能源的消费比例并无多大变化，基本保持在 60% 左右。在人均能耗上，发达国家超过不发达国家的 4 倍多，而美国是不发达国家的 8 倍。全球能源消费趋势没有发生根本改变。

2019 年《BP 世界能源统计年鉴》显示，截至 2018 年年底，全球煤炭探明储量约为 10547.82 亿吨，可开采约 132 年；石油探明储量约为 2441 亿吨，可开采约 50 年；天然气探明储量约为 196.9 万亿立方米，可开采 50.9 年；钴储量约为 569.9 万吨，可开采 42 年；天然石墨储量约为 3.07 亿吨，可开采 342 年；锂储量约为 1391.9 万吨，可开采 225 年；稀土金属储量为 1.17 亿吨，可开采 701 年。截至 2018 年年底，中国煤炭探明储量为 1388.19 亿吨，可开采 38 年；石油探明储量为 35 亿吨，可开采 18.7 年；天然气探明储量为 6.1 万亿立方米，可开采 37.6 年；天然石墨储量约为 7300 万吨，可开采 116 年；锂储量约为 100 万吨，可开采 125 年；稀土金属储量为 4400 万吨，可开采 367 年。

据估算，中国 40 多种主要矿产探明储量人均占有量只有世界人均占有量的 40%。许多矿产品位低，在 45 种主要矿产中已有 10 多种探明储量不能满足经济发展的需求，其中 15 种支柱性矿产有 6 种（石油、天然气、铜、钾盐、煤、铁）后备探明储量不足。

由于全球经济的发展严重依赖能源和矿产资源的支撑，资源濒临枯竭的状况已难以继续支持经济和社会的持续发展，对全球能源安全、资源安全提出了前所未有的挑战。应节约能源和矿产资源，减少碳排放，实现碳达峰、碳中和，使资源能维系人类经济和社会的持续发展。

碳达峰、碳中和与森林资源

森林与人类息息相关。森林吸收二氧化碳，释放氧气，平衡着大气的二氧化碳比例。据估计，世界上的森林和植物每年产 4000 亿吨氧气。森林特别是热带雨林不仅保留大量的物种，成为人类最宝贵的资源，而且在大气平衡、地球气候变化、水循环等过程中起着重要的调解作用。乱砍滥伐对蒸发和降雨过程有严重影响，大规模地砍伐森林会导致大气中水平衡失调，对气候产生直接的影响，还将导致生物多样性严重衰减。

在人类历史发展初期，全球森林总面积达 76 亿公顷，占陆地面积的 1/2。1 万年前，森林面积减少到 62 亿公顷，19 世纪减少到 55 亿公顷。科技部发布的《全球生态环境遥感监测 2019 年度报告》显示，到 2018 年年底，全球森林总面积为 38.15 亿公顷，约占全球陆地总面积的 25.6%。联合国粮食及农业组织的《全球森林资源评估》显示，5 个森林资源最丰富的国家（俄罗斯、巴西、加拿大、美国和中国）拥有的森林资源占森林总面积的 50% 以上，10 个国家或地区已经完全没有森林，54 个国家或地区的森林面积不到其国土总面积的 10%。无节制的砍伐和自然灾害正在导致全球森林面积逐年减少，联合国环境规划署的报告显示，全球每年超过 470 万公顷的森林（面积大于丹麦国土面积）被砍伐，相当于每 3 秒就有“1 个足球场”的森林消失。

4000 年前，中国的森林覆盖率高达 60% 以上，战国末期森林覆盖率为 46%，唐代为 33%，明初为 26%，1840 年前后降为 17%，20 世纪初期降为 8.6%。《中国森林资源报告（2014—2018）》显示，2018 年，全国森林覆盖率为 22.96%，森林面积 2.2 亿公顷，森林蓄积量 175.6 亿立方米。中国的森林面积虽占世界第 5 位，但人均森林面积仅相当于世界人均水平的约 12%，居世界第 119 位，森林蓄积量仅为世界人均水平的 12.6%，居世界第 104 位。

森林破坏带来了生物的多样性减少，导致水土流失从而改变地貌，加剧温室效应，造成气候失调，增加自然灾害的发生频率，破坏经济和社会的持续发展。通过碳达峰和碳中和为抓手的气候行动，保护陆地生态系统中最大的碳库——森林，对于降低大气中温室气体浓度和利用森林碳汇应对气候变化有重要作用。

碳达峰、碳中和与草地资源

草地拥有多年生长草本植物，可供放养或割草饲养牲畜。全球草地总面积约为 32 亿公顷，约占世界陆地面积的 20%，草地上生产了 11.5% 的人类食物量，以及大量的皮、毛等畜产品，还提供许多药用植物、纤维植物和油料植物，并栖息着大量的野生动物，对人类的物质、文化生活和生存环境都具有十分重要的地位和作用，草地资源是草食动物赖以生存的主要物质基础和活动场所，能维护良好的生态环境、净化环境、保持水土、调节气候和防风固沙。同时，草地资源还是人类宝贵的生物基因库，对经济与社会的持续发展有重要作用。

国家林业和草原局 2018 年 7 月公布的数据显示，中国有天然草原 3.928 亿公顷，约占全球草原面积的 12%。尽管中国草原面积居世界第一，但 90% 以上的天然草原面临退化、生物多样性减少的问题。20 世纪 50 年代以来，中国累计开垦了 1334 万公顷草原，至今草原生态总体恶化局面尚未发生根本扭转。

草地退化的原因包括自然和人为两种：全球气候变化特别是气候变暖引发的干旱化，是草地退化的重要自然因素；人口的急剧增加加剧了对草地资源的需求，进而出现对草地资源进行掠夺式利用的局面，草地面积大幅度减少；长期超载过牧，过度使用，牧草生长受到制约；人为采樵、滥挖药材、搂发菜、开矿和滥猎，破坏草地植被，致使草地严重退化。

草地退化导致草地生产能力明显下降，使牲畜失去“粮食”，进而影响人类的生产生活，导致经济结构的畸形化；草地退化使草地面积不断减少，反过来加快了草地退化的速度；草地退化使土壤持水保水能力下降，影响生态环境，会导致各种自然灾害，如水土流失、江河湖泊断流干涸、草原荒漠化、沙尘暴的发生；草地退化使草原植物群落结构发生变化，物种丰富度、均匀度大为降低，草原生物多样性遭到严重破坏；草地退化还会使虫鼠灾害频发，影响畜牧业生产。

据统计，中国草原生态系统总碳储量约为427.3亿吨，主要集中在草原土壤中，草原植被每年通过光合作用吸收二氧化碳约21.7亿吨，年均碳汇约1300万吨，草地生态系统就是一个巨大的“固碳库”。要加大保护草地资源、修复草原生态力度，在实行水土保持、防风固沙、空气净化、保护生物多样性的同时，最大限度地发挥草地碳汇功能应对气候变化的作用。

碳达峰、碳中和与湿地资源

湿地是指天然或人工、长久或暂时的沼泽地、湿原、泥炭地或水域地带，带有静止或流动的淡水、半咸水或咸水水体者，包括低潮时水深不超过6米的水域。湿地是自然资源和生态环境的重要组成部分，对保护人类生存环境具有重要意义。湿地与森林、海洋并称为全球三大生态系统，具有维护生态安全、保护生物多样性等功能。人们把湿地称为“地球之肾”、天然水库和天然物种库。

湿地是全球价值最高的生态系统，联合国环境署的研究数据表明，1公顷的湿地生态系统每年创造的价值高达1.4万美元，是热带雨林的7倍，是农田生态系统的160倍。每公顷湿地每年可去除1000多千克的氮和130多千克的磷。中国的若尔盖湿地面积为80万公顷，储存的泥炭高达19亿吨，对应对气候变化发挥着重要作用。

据世界自然保护联盟的数据，全球湿地总面积约为 5.7 亿公顷，占全球陆地面积的 6%，经济合作与发展组织估算 20 世纪全球失去了约 50% 的湿地。

第二次全国湿地资源调查结果显示，我国湿地总面积为 5360.26 万公顷，占国土面积的比例为 5.58%，2003—2013 年湿地面积减少了 339.63 万公顷。20 世纪 50 年代以来，沿海滩涂湿地面积已减少 50%。全国湿地面积近年来每年减少约 34 万公顷，900 多种脊椎动物、3700 多种高等植物受到生存威胁。

湿地的重要功能之一是净化水源，由生物和泥土对污染物进行吸附、分解。但现在由于环境污染，许多湿地植物因承受不了严重污染而死亡，使湿地净化水源的作用几乎丧失殆尽，污染物质积存在底泥中。

有效地保护和修复湿地，使湿地植物通过光合作用吸收大气中的二氧化碳，固定住植物残存体中的大部分碳，避免湿地中的碳以二氧化碳的形式回到大气中去，是应对全球气候变化的一个重要手段。

碳达峰、碳中和与土地荒漠化

荒漠化是指在干旱、半干旱和某些半湿润、湿润地区，由于气候变化和人类活动等各种因素所造成的土地退化，包括土地沙化、水土流失、植被退化等。

据联合国统计，全球1/4的土地严重荒漠化，全球每分钟会增加11公顷荒漠，每年变为荒漠的土地约有600万公顷，50亿公顷的干旱、半干旱土地中受到荒漠化威胁的有33亿公顷。受土地荒漠化威胁的有110多个国家和地区、10亿多人，全球每年因土地荒漠化造成的经济损失超过420亿美元。

第五次全国荒漠化和沙化监测结果显示，截至2014年，中国荒漠化土地面积为261.16万平方千米，约占国土面积的27.20%；沙化土地面积为172.12万平方千米，约占国土面积的17.93%；有明显沙化趋势的土地面积为30.03万平方千米，约占国土面积的3.12%。

荒漠化使土地生物和经济生产潜力下降和丧失，这意味着土地退化、生态恶化、经济衰退和人们生活质量的倒退，造成了可利用土地被蚕食、土壤贫瘠、生产力下降等，进而加深贫困程度、加剧自然灾害发生、制约经济发展和影响社会稳定。土地退化带来的植被退化会严重削弱生态系统的碳汇，有效防治土地荒漠化对气候行动具有重要作用。

碳达峰、碳中和与水土流失

水土流失是在水力、风力、重力及冻融等自然营力和人类活动作用下，水土资源和土地生产力的破坏和损失，包括土地表层侵蚀及水的损失。

据统计，全球水土流失面积高达30%，每年损失的耕地达500万~700万公顷，每年流失有生产力的表土有250亿~400亿吨，每年损失谷物约有760万吨。联合国《世界土壤资源状况》预计，如不采取切实有效的行动，到2050年世界谷物总损失量将超过2.53亿吨，相当于减少了150万平方千米的作物生产面积，几乎相当于印度的全部耕地。

2018年水土流失动态监测成果显示，中国水土流失面积为273.69万平方千米，其中水力侵蚀面积为115.09万平方千米、风力侵蚀面积为158.60万平方千米。我国现有严重水土流失县646个，每年水土流失给中国带来的经济损失相当于GDP的2.25%左右，流失的氮、磷、钾肥约为4000万吨，相当于上一年全国化肥施用量。

产生水土流失有多方面的原因，自然原因主要是由地貌、气候、土壤、植被等造成的，人为原因是经济建设活动（如陡坡开荒、不合理的林木采伐、草原过度放牧、开矿、修路、采石等）和其他人为活动（如战乱等）。

水土流失不仅极大地破坏农业生产条件，使土地生产力下降甚至丧失，造成水土资源承载能力降低，导致生态环境恶化，加剧洪涝和干旱灾害，淤积河道、湖泊、水库，污染水质，影响生态平衡，而且还严重影响交通、电力、水利等基础设施的运行安全，加剧贫困。有效防治水土流失，实行水土保持措施，对应对全球气候变化具有重要意义。

碳达峰、碳中和与环境

碳达峰、碳中和与大气污染防治

全世界每年排入大气的有害气体总量为5.6亿吨，其中一氧化碳2.7亿吨、二氧化碳1.46亿吨、碳氢化合物0.88亿吨、二氧化氮0.53亿吨。2012年全球约有1260万人因在不健康环境中生活或工作而死亡，约占全球死亡总数的1/4。全球103个国家和地区的3000多个监测空气质量的城市中，80%以上城市的空气质量超过世界卫生组织的建议标准，美国每年因大气污染而死亡的人数达5.3万多，全世界超过80%的人口正在呼吸着严重颗粒物污染的空气。欧洲环境局2016年11月发布的报告称，欧洲空气污染每年导致46.7万人过早死亡，每10个城市中就有9个城市的居民呼吸着有害气体。

2017年，中国废气中二氧化硫排放量为875.4万吨、氮氧化物排放量为1258.83万吨、烟（粉）尘排放量为796.26万吨。

目前，我国主要的大气污染物已由二氧化硫（SO_2）和总悬浮颗粒物（TSP）的污染转为可吸入颗粒物（PM_{10}）和细颗粒物（$PM_{2.5}$）的污染，污染程度十分严重的区域有东北、西北、整个华北地区以及长江以南和四川盆地的部分地区，其中以华北地区最为突出。

现代城市家庭的室内空气污染远比室外严重。装修后的室内空气中可检测出 500 多种挥发性有机物，其中 20 多种是致癌物。室内空气污染列为继煤烟型光化学烟雾型污染后的第三代空气污染问题。

大气污染既危害人体健康，又影响动植物生长，而且破坏经济资源，会改变地球的气候，造成全球变暖、臭氧层耗损、酸雨等全球环境问题。大气污染物主要通过呼吸道进入人体，还会通过接触和刺激体表进入人体。有效防治大气污染与实现碳达峰、碳中和目标，两者是相互影响的，当其中的一方面达到目标时，对另一方面会产生积极的影响。

从 1987 年 8 月我国制定《中华人民共和国大气污染防治法》开始，我国持续实施了大气污染防治行动。“十三五”期间，围绕打赢蓝天保卫战的决策部署，全国空气质量明显改善。产业结构绿色转型升级取得实质成效，能源结构进一步清洁化、低碳化，交通运输体系进一步绿色化，面源污染得到有效整治。

《2020 中国生态环境状况公报》显示，2020 年，全国大气环境质量持续改善。全国 337 个地级及以上城市平均优良天数比例为 87.0%，202 个城市环境空气质量达标，占全部地级及以上城市数的 59.9%，$PM_{2.5}$ 年均浓度为 33 微克 / 立方米，PM_{10} 年均浓度为 56 微克 / 立方米。

《“十四五”规划和 2035 年远景目标纲要》提出，加强城市大气质量达标管理，$PM_{2.5}$ 和臭氧协同控制，地级及以上城市 $PM_{2.5}$ 浓度下降 10%，有效遏制臭氧浓度增长趋势，基本消除重污染天气。持续改善京津冀及周边地区、汾渭平原、长三角地区空气质量，因地制宜推动北方地区清洁取暖、工业窑炉治理、非电行业超低排放改造，加快挥发性有机物排放综合整治，氮氧化物和挥发性有机物排放总量分别下降 10% 以上。

近年来，我国在大力推进火电、钢铁等行业超低排放改造取得了显著成效。截至 2020 年底，全国完成超低排放改造装机容量达 9.5 亿千瓦，约占煤电总装机容量的 89%，已建成世界最大的清洁高效煤电体系。“十四五”期间，要在全国范围内推动技术、资金等条件成熟、污染物排放量大的水泥行业实施超低排放改造。避免超低排放泛化、明确超低排放内涵、严把超低排放改造质量关、加大超低排放支持力度是重点。①

① 王珊．“十四五”如何推进超低排放？[N]．中国环境报，2021-04-30.

碳达峰、碳中和与水污染防治

全世界每年向江河湖泊排放的各类污水约4260亿吨，造成径流总量的14%被污染，污染5.5万亿立方米的淡水。在发展中国家，每年有超过200万人（其中大多数上儿童）死于与饮水不洁有关的疾病。在全世界的自来水中，测出的化学污染物有2221种之多，其中有些被确认为致癌物或促癌物。

2018年全国废污水排放总量达750亿吨。有关部门的统计显示，在全国118个大中城市中，较重污染的城市占64%，较轻污染的城市占33%。25%的城市地下水体遭到污染，地表水中有68种抗生素、90种非抗生素医药成分。

水污染危害极大，污染物会通过饮水和食物进入人体，影响人类的身体健康；水污染破坏水体中的生态平衡，影响水生动植物，从而进一步影响人类的生存；水污染还会破坏工农业生产，严重阻碍经济的持续增长。这意味着水污染造成了环境的严重透支，给社会正常的生产和生活产生了极为不利的影响。因此，水污染防治一直是环境污染治理的重点。有效的水污染防治表明节能减排工作开展有成效，助力碳达峰、碳中和行动，实现碳达峰、碳中和目标，也能有效防治水污染。

从1984年5月制定《中华人民共和国水污染防治法》开始，我国先后颁布了一系列的水环境质量标准，实施了《水污染防治行动计划》等，水生态治理与保护、水污染防治取得了巨大成绩。

《2020中国生态环境状况公报》显示，2020年，全国水环境质量持续改善。全国地表水监测的1937个水质断面（点位）中，Ⅰ~Ⅲ类水质断面（点位）占83.4%，劣Ⅴ类占0.6%。大江大河干流和重要湖泊（水库）水质稳步改善。监测的902个地级及以上城市在用集中式生活饮用水水源断面（点位）中852个全年达标，Ⅰ类水质海域面积占管辖海域面积的96.8%，近岸海域优良（Ⅰ、Ⅱ类）水质海域面积比例为77.4%。此外，截至2020年年底，全国城市污水处理厂处理能力为1.90亿立方米/日，污水处理总量为559.2亿立方米，污水处理率为97.08%，全国地级及以上城市建成区黑臭水体消除比例达98.2%。

《"十四五"规划和2035年远景目标纲要》提出，完善水污染防治流域协同机制，加强重点流域、重点湖泊、城市水体和近岸海域综合治理，推进美丽河湖保护与建设，化学需氧量和氨氮排放总量分别下降8%，基本消除劣Ⅴ类国控断面和城市黑臭水体。开展城市饮用水水源地规范化建设，推进重点流域重污染企业搬迁改造。

碳达峰、碳中和与土壤污染防治

土壤污染出现于发达工业国家。高速发展的工业化过程中的日本就发生了很多土壤污染事件。土壤污染是一种“看不见的污染”，不像大气污染、水污染被公众特别关注，它具有累积性、隐蔽性和滞后性的特点，土壤污染不仅对生产和生活产生直接影响，而且治理周期较长、成本高。

原环境保护部和原国土资源部的调查结果表明，中国土壤总的点位超标率为16.1%，有100多万平方千米土地受到污染，有近20万平方千米耕地被污染，超出林地、草地被污染面积的一半，经济发达地区的污染问题尤为突出，长三角地区至少有10%的土壤丧失生产力。中国农村每年产生90亿吨污水、2.8亿吨垃圾，绝大部分没有得到处理。中国年化肥施用量约为6000万吨，农药用量达337万吨，它们中的90%都会进入生态环境。

土壤保存了至少1/4的全球生物多样性，为生态系统和人类提供多种服务，帮助抵御和适应气候变化。土壤污染导致生产能力退化，影响食品安全，对人类生命健康构成威胁；可引起大气、水的污染和生物多样性破坏，从而使整体环境污染加剧，对全球生态安全构成威胁。有效保护土地资源，防治土壤污染，可以为实现碳达峰、碳中和目标提供有力支持，而通过全球气候行动也能保持“地绿”。

我国的《中华人民共和国环境保护法》《中华人民共和国固体废物污染环境防治法》等相关法律法规中涉及土壤污染防治，制定了《土壤环境质量标准》（1995年）等近50项由五大类标准组成的土壤环境质量标准体系。

《土壤污染防治行动计划》实施以来，全国土壤污染加重趋势得到初步遏制，土壤环境质量总体保持稳定，农用地和建设用地土壤环境安全得到基本保障，土壤环境风险得到基本管控。《“十三五”规划纲要》《“十三五”生态环境保护规划》《污染地块土壤环境管理办法试行》《农用地土壤环境管理办法（试行）》等，就防治土壤环境污染提出了措施。

2018 年 8 月通过的《中华人民共和国土壤污染防治法》，进一步完善了环境保护法律体系，有利于将土壤污染防治工作纳入法制化轨道。

《2020 中国生态环境状况公报》显示，全国农用地土壤环境状况总体稳定，影响农用地土壤环境质量的主要污染物是重金属，其中镉为首要污染物，受污染耕地安全利用率达到 90% 左右，污染地块安全利用率达到 90% 以上。

《“十四五”规划和 2035 年远景目标纲要》提出，推进受污染耕地和建设用地管控修复，实施水土环境风险协同防控。

碳达峰、碳中和与固体废物污染防治

联合国发布的《2020 年全球电子废弃物监测》报告指出，2019 年，全球产生的电子废物（带电池或插头的废物）总量达到 5360 万公吨，其中亚洲为 2490 万吨、美国为 1310 万吨、欧洲为1200万吨、非洲为290万吨、大洋洲为70万吨，全年只有17.4%的电子垃圾被收集和回收。到2030年，全球电子垃圾将达到7400万吨。

世界银行的《垃圾何其多2.0》报告显示，2016年全球产生的塑料垃圾为2.42亿吨，占固体垃圾总量的12%。现在全球每年生产的塑料中超过50%是一次性塑料制品，大部分不能得到有效处理。联合国发布的《全球环境展望-6》显示，每年流入海洋的塑料垃圾高达800万吨。

2017年，中国一般工业固体废物产生量为331592万吨，综合利用量为181187万吨。2019年，全国196个大、中城市一般工业固体废物产生量达13.8亿吨，综合利用量为8.5亿吨，工业危险废物产生量达4498.9万吨，综合利用量为2491.8万吨，医疗废物产生量为84.3万吨，但得到了及时妥善处置。1979年全国城市生活垃圾清运量为2508万吨，2006年增加到1.48亿吨，2014年达到1.79亿吨。《2020年全国大、中城市固体废物污染环境防治年报》显示，2019年196个大、中城市生活垃圾产生量达23560.2万吨。

近年来，固体废物污染已经成为环境污染的重要内容。固体废物污染和垃圾泛滥带来了严重的影响，固体废物中有害气体和粉尘会污染大气；固体废物中的有害成分会向土壤迁移，进而污染土壤，对植物产生了间接污染；固体废物还会使水体遭受污染，富营养化进一步加剧；通过大气、土壤、水的污染，严重影响人类的身体健康。降低固体废物污染，一是要减少固体废物数量，在节约资源的同时也减少了碳排放；二是加大固废利用力度，直接或间接减少碳排放。因此，我们在碳达峰、碳中和行动中，也可以有效促进固体废物污染防治。

从 1995 年 10 月通过《中华人民共和国固体废物污染环境防治法》开始，我们在工业固体废物污染环境防治、生活垃圾分类、建筑垃圾和农业固体废物等污染环境防治、危险废物污染环境防治上做了大量的工作，取得了明显的成效。《关于全面加强生态环境保护　坚决打好污染防治攻坚战的意见》实施后，全面禁止洋垃圾入境，开展“无废城市”建设试点等，统筹推进固体废物“减量化、资源化、无害化”。

《2020 中国生态环境状况公报》显示，截至 2020 年年底，全国城市垃圾无害化处理能力为 89.77 万吨 / 日，无害化处理率为 99.32%；农村生活垃圾收运处理的行政村比例超过 90%。截至 2019 年年底，全国危险废物集中利用处置能力超过 1.1 亿吨 / 年。2020 年，全国秸秆综合利用率为 86.7%，农膜回收率为 80.0%。

《“十四五”规划和 2035 年远景目标纲要》提出，加强塑料污染全链条防治。

2021 年 5 月印发的《强化危险废物监管和利用处置能力改革实施方案》提出，将提升危险废物监管和利用处置能力，有效防控危险废物环境与安全风险。

碳达峰、碳中和与生态

碳达峰、碳中和与生态系统保护

生态系统是人类的生存和发展空间，森林生态系统、草原生态系统、荒漠生态系统、海洋生态系统、淡水生态系统、湿地生态系统、农田生态系统、城市生态系统等实现动态平衡才能使人与自然和谐发展。

稳定的生态系统能使碳循环正常进行，保持地球上的碳平衡。要通过各种有效的手段，大力开展生态建设，加大生态系统保护力度，增加陆地生态系统的碳汇。

联合国环境规划署的报告显示，修复生态系统能带来巨大的惠益，为生态修复投入 1 美元，至少可以为社会带来 7~30 美元的回报，还能为农村地区创造就业机会。

为应对生物多样性丧失、气候破坏和污染加剧的威胁，2021 年 6 月，“联合国生态系统恢复十年”倡议启动，重新造林并保护现有的森林、清理河流和海洋、绿化城市，不仅有助于保护地球资源，到2030年还将创造数百万个新的就业岗位，每年产生超过7万亿美元的回报，有助于消除贫困和饥饿。[①] 预计到2030年，通过生态系统修复，能从大气中吸收13~26种温室气体，从大气中去除温室气体26千兆吨。

《2020中国生态环境状况公报》显示，2020年，全国生态环境状况指数（EI）值为51.7，生态质量一般，与2019年相比无明显变化。生态质量优和良的县域面积占国土面积的46.6%，一般的县域面积占22.2%，较差和差的县域面积占31.1%。

截至2018年底，我国森林面积居世界第5位，森林蓄积量居世界第6位，人工林面积长期居世界首位，草原生态系统恶化趋势得到遏制，水土流失及荒漠化防治效果显著，河湖、湿地保护修复初见成效。

我国近年来对生态系统的保护取得了巨大成就，为碳达峰、碳中和目标奠定了坚实的基础。

《"十四五"规划和2035年远景目标纲要》提出，提升生态系统质量和稳定性。坚持山水林田湖草系统治理，着力提高生态系统自我修复能力和稳定性，守住自然生态安全边界，促进自然生态系统质量整体改善。完善生态保护和修复用地用海

① 重构，重建，重塑！"联合国生态系统恢复十年"倡议启动[EB/OL]. https://www.unep.org/zh-hans/xinwenyuziyuan/xinwengao/zhonggouzhongjianzhongsu-lianheguoshengtaixitonghuifushinianchangyiqidong，2021-06-05.

等政策。完善自然保护地、生态保护红线监管制度，开展生态系统保护成效监测评估。重要生态系统和保护工程包括：青藏高原生态屏障区、黄河重点生态区、长江重点生态区、东北森林带、北方防沙带、南方丘陵山地带、海岸带、自然保护地和野生动植物保护。

2021 年 4 月通过的《中华人民共和国乡村振兴促进法》提出，实施国土综合整治和生态修复，加强森林、草原、湿地等保护修复，开展荒漠化、石漠化、水土流失综合治理，改善乡村生态环境。实行耕地养护、修复、休耕和草原森林河流湖泊休养生息制度。

“十四五”时期，通过实施重要生态系统保护和修复重大工程，增加森林、草原、湿地、海洋等自然生态系统的固碳能力，提高生态系统碳汇增量。

碳达峰、碳中和与生物多样性保护

生物多样性是人类社会赖以生存和发展的环境基础，生物多样性不仅能为人类提供丰富的自然资源，满足人类社会对食品、药物、能源、工业原料、旅游、娱乐、科学研究、教育等的直接需求，而且能维持生态系统的功能，调节气候，保持土壤肥力，净化空气和水，从而支持人类社会的经济活动和其他活动。

生物多样性是环境好坏的指示灯，生物多样性越丰富，生态环境越稳定，受破坏的机会越少。

近百年来，由于人口的剧增和对资源的不合理开发，地球上大约有 11046 种动植物面临永久性消失的危险。物种的丧失速度由大致每天一个物种加快到每小时一个物种，按此速率，2200 年就会再度出现生物大灭绝。1970—2000 年，物种的平均数量丰富性持续降低了约 40%。在今后二三十年内，地球上将有 1/4 的物种陷入绝境，到 2050 年约有半数动植物将从地球上消失。

2019 年 7 月，世界自然保护联盟公布的更新版《濒危物种红色名录》显示，名录中收录的 105732 个物种中，有 28338 个濒危物种面临灭绝威胁。发表在美国《科学》周刊上的一项研究指出，主要关注物种丰富程度的变化的“生物完整性指标”的安全范围是 90%~100%，目前的全球生物多样性已降至这个阈值以下，仅为 84.6%。

联合国环境规划署和世界自然保护联盟发布的《保护地球报告》（2020）显示，截至 2020 年年底，全球有 65.5% 的陆地和海洋生物多样性关键区域部分或全部被自然保护地和保留地覆盖。

中国是世界上生物多样性丧失最严重的地区之一。《中国生物多样性红色名录》评估结果显示，34450 种高等植物中，受威胁物种（极危、濒危和易危物种）为 3767 种，加上绝灭的共约占植物总数的10.9%；4357种脊椎动物中，受威胁脊椎动物共计932种，加上灭绝的共占被评估物种总数的21.4%。

生物多样性减少将严重破坏人类社会赖以生存和发展的环境基础，影响生态系统的功能、气候、土壤肥力、空气、水和人类社会的经济活动及其他活动，并直接影响人类的文化多样性。维护生态环境良好和完整的生物多样性系统是碳汇的基础，实施生物多样性保护重大工程，构筑生物多样性保护网络，加强国家重点保护和珍稀濒危野生动植物及其栖息地的保护修复，加强外来物种管控，建立健全生物安全风险防控和治理体系，全面提高国家生物安全治理能力，对实现碳达峰、碳中和目标将产生积极的作用。

《"十四五"规划和2035年远景目标纲要》也提出，实施生物多样性保护重大工程，构筑生物多样性保护网络，加强国家重点保护和珍稀濒危野生动植物及其栖息地的保护修复，加强外来物种管控。建立健全生物安全风险防控和治理体系，全面提高国家生物安全治理能力。

碳达峰、碳中和与生态保护红线划定

划定生态保护红线能有效地预防未来的生态遭到破坏，维护生态安全和经济社会的持续发展，在当前全球共同应对气候变化的大背景下，对实现碳达峰、碳中和目标具有一定现实意义。

生态保护红线包括生态功能保障基线（禁止开发区生态红线、重要生态功能区生态红线和生态环境敏感区、脆弱区生态红线）、环境质量安全底线（环境质量达标红线、污染物排放总量控制红线和环境风险防控红线）、自然资源利用上线（能源利用红线、水资源利用红线、土地资源利用红线等）。

2014 年 1 月《国家生态保护红线——生态功能基线划定技术指南（试行）》印发，2015 年 4 月《生态保护红线划定技术指南》印发后全国 31 个省（区、直辖市）开展了生态保护红线划定工作，2017 年 5 月《生态保护红线划定指南》印发，2019 年 8 月《生态保护红线勘界定标技术规程》印发，这些对我国划定生态保护红线都起到了重要作用。

“十四五”期间，通过划定并严守生态保护红线，守住自然生态安全边界。

我国初步划定的生态保护红线面积，约占陆域国土面积的 25%，我国绝大部分重要物种和重要生态系统在红线内得到了有效保护。其中，各类自然保护地总面积占陆域国土面积的 18%，提前实现“爱知目标”提出的到 2020 年达到 17% 的目标。2019 年，联合国气候行动峰会“基于自然的解决方案”（NBS）活动中，中国提出的“划定生态保护红线，减缓和适应气候变化”成功入选联合国“基于自然解决方案”全球 15 个精品案例。

碳达峰、碳中和与自然保护地体系建立

自然保护地一般分为国家公园、自然保护区、自然公园三类。自然保护地能涵养水源、保持水土、改善环境和保持生态平衡，保留各种类型的生态系统，为后代留下天然的“本底”，还能为研究、休闲旅游等活动提供场所，对实现碳达峰、碳中和目标具有重大意义。

《保护地球报告》（2020）显示，截至2020年年底，记录在案的陆地自然保护地和保留地覆盖率达16.4%，受到保护的陆地和内陆水域面积达2250万平方千米；得到统计的全球海洋保护地和保留地覆盖率达7.74%（低于2010年设定的“到2020年实现10%的覆盖率”的目标），受到保护的海岸和海洋面积达2810万平方千米；达到世界自然保护联盟绿色名录标准的自然保护地和保留地数量达59个。

《2020中国生态环境状况公报》显示，我国已建立国家级自然保护区474处，面积为98.34万平方千米；建立国家级风景名胜区244处，总面积约为10.66万平方千米；建立国家地质公园281处，总面积约为4.63万平方千米；建立国家海洋公园67处，总面积约为0.737万平方千米；共有东北虎豹、祁连山、大熊猫、三江源、海南热带雨林、武夷山、神农架、普达措、钱江源和南山10个国家公园体制试点区，总面积超过22万平方千米，约占我国陆域国土面积的2.3%。

《建立国家公园体制总体方案》提出建成统一规范高效的中国特色国家公园体制,《三江源国家公园总体规划》提出努力将三江源国家公园打造成中国生态文明建设的名片,《关于建立以国家公园为主体的自然保护地体系的指导意见》提出建成中国特色的以国家公园为主体的自然保护地体系。

《"十四五"规划和2035年远景目标纲要》提出，科学划定自然保护地保护范围及功能分区，加快整合、归并、优化各类保护地，构建以国家公园为主体、自然保护区为基础、各类自然公园为补充的自然保护地体系。严格管控自然保护地范围内非生态活动，稳妥推进核心区内居民、耕地、矿权有序退出。完善国家公园管理体制和运营机制，整合设立一批国家公园。

第五章

碳达峰、碳中和与产业

推动经济绿色低碳循环发展，就要优先发展高附加值、低能耗、低排放产业。通过产业结构调整、产业技术升级、产业链转型等措施，使碳排放达到峰值，经济以低碳的方式增长。实现碳达峰、碳中和目标，必须建立第一产业、第二产业、第三产业绿色低碳循环发展的产业结构。

碳达峰、碳中和与第一产业

第一产业碳排放与碳汇功能

第一产业碳排放涵盖农业纵向产业链（包括产前、产中、产后直接或间接带来的排放），横向产业范围（包括农、林、牧、渔业带来的排放）。第一产业的碳汇功能主要通过人为调节和支配第一产业系统中绿色植物（农业生产体系中的作物、森林、草地等）的自然碳封存和土壤自身的碳储量来发挥作用。

农业

农业作为人类社会与自然生态系统共同作用的界面，在参与碳循环过程中显示出碳汇和碳排放双重特征。

农业碳排放是指农业种养过程中，资源（能源）投入使用、种养生长过程及各类废弃物处理所产生的排放活动。农业碳排放占全球碳排放的比重高达14%，我国农业碳排放在全国碳排放中占比高达17%。农业碳排放主要包括以下三个方面：一是植物需要部分呼吸消耗碳水化合物放出二氧化碳，以维持生理活动；二是农业化学制品生产使用、农业机械动力能源消耗以及农地利用所带来的直接或间接排放；三是废弃物处理排放，包括秸秆焚烧及动物粪便处理等带来的排放。

农业中粮食作物生产节能减排和土壤固碳潜力巨大。农作物生态系统是陆地生态系统中生产力较高的系统，生物量（干重）很高。生物量中含碳达到43%~58%，农业生态系统通过绿色植物的光合作用，利用太阳能把大气中的二氧化碳和水合成碳水化合物，这部分同化物以生物量、废弃物等形式存在，都可以暂时捕捉；农用地生态系统亦是一个巨大的碳库，土壤中储存着大量有机碳，农业有机肥将二氧化碳固定到了耕地的土壤中，农作物秸秆还田可将部分碳“永久”埋藏在地下。

林业

森林是陆地生态系统中最大的碳库，是二氧化碳的吸收器、贮存库和缓冲器。森林由于生长周期长、光合作用面稳定的特点，碳汇功能呈现显性化。树木通过光合作用吸收了大气中大量的二氧化碳，减缓了温室效应，其固碳功能是自然碳封存的过程，相对于人工固碳不需提纯二氧化碳，从而可节省分离、捕获、压缩二氧化碳气体的成本。因而，植树造林成为增加碳汇、减少排放成本较低且经济可行的主要方式。林木每生长1立方米，平均吸收约1.83吨二氧化碳，释放1.62吨氧气，森林植被区的碳储量几乎占到陆地碳库总量的一半。第九次全国森林资源清查数据表明，我国森林植被总碳储量已达91.86亿吨。林业碳汇就是通过森林的储碳功能，吸收和固定大气中的二氧化碳，并按照相关规则与碳汇交易相结合的过程、活动或机制。

畜牧业

畜牧养殖业是环境污染和碳排放极其严重的行业，畜牧业的温室气体排放量占全球温室气体排放量的15%。畜牧业对全球变暖的影响，比交通运输业的影响还大。2020年我国碳排放中农业碳排放约为20亿吨，基本是畜牧业产出的。

畜牧业通过呼吸排碳所占的比例很小，更多的是间接地以反刍动物的肠发酵和蠕动以及从动物粪便分解释放出甲烷等温室气体，以饲料及动物产品生产过程中化石燃料的使用，动物产品机械化屠宰、冷冻、包装和运输过程中化石燃料的使用，伐林取地用于饲料生产或者放牧导致土地退化等方式排碳。

渔业

渔业具有较高的组织化程度、产业化水平和机械化效率，是农业中工业化程度相对较高的领域之一。渔业生产对能源的消耗、资源的依赖以及环境的影响相对较高，不同养殖方式、不同种类之间能源与资源的利用效率差距较大。无论是渔业生产，包括渔具、养殖场所、渔业种苗的培育和投放、渔业的日常管理等的投入，还是渔业捕捞以及水产品加工利用等产出，都是渔业主要的碳排放来源。

渔业的碳汇功能是指通过渔业生产活动促进水生生物吸收水体中的二氧化碳，并通过渔业捕捞收获把这些碳移出水体的过程和机制。凡不需投饵的渔业生产活动，都能形成生物碳汇，如藻类养殖、贝类养殖、滤食性鱼类养殖、人工鱼礁、增殖放流以及捕捞渔业等。

实施碳达峰、碳中和战略对第一产业的影响及应对措施

对农业的影响及应对措施

优化农业产业结构｜提高农业生态系统空间，实现最大的绿色覆盖率，减少土壤侵蚀，提高农业土壤的固碳量，控制农业碳排放总量。高碳排地区普及科学施肥与农资的利用回收；低碳排地区征补结合、恢复森林覆盖面积、提高绿化水、保证耕地水平。

找准农业产业发展定位｜我国各地区农业经济发展水平差异较大，兼顾区域农业碳减排的公平性与协同性，有利于推动

全国范围内区域差异化低碳农业的发展。对于理想型与一般型地区进一步优化生产资料技术配置，对于劣质型地区通过延伸农产品产业链、增加其附加值、细分产品市场、提高品牌溢价，抵御低价冲击。要重视区域整合，搭建农业碳减排区域协同推进平台。

应用碳汇农业生产技术 | 推广精准农业投入模式、农业废弃物处理和利用模式、水稻田温室气体减排模式、有机农业生产模式，改善土壤质量，提高农田固碳增汇能力。

发挥农业政策导向作用 | 实施农业碳排放权奖惩和农业碳汇补贴制度，构建保障农业碳减排补偿机制，完善农业碳汇交易市场。对涉农的低碳生产以及种植业生产经营主体实施宽松信贷政策，对积极采用低碳型农业生产资料（有机肥等）或执行低碳生产行为（秸秆还田等）的各类生产主体予以适当的价格补贴。通过税补方式，提高对高碳排产业和产品的征税，以及对高碳汇产业和产品的补贴。

对林业发展的影响及应对措施

实施碳达峰、碳中和战略，就是要通过对持续造林、缓解森林退化、利用生物能源、减少毁林、做好森林管理的可持续发展等多方面的努力，减少碳排放，增加碳汇。

碳达峰、碳中和对林业的发展有重大影响：一是有利于全面提升我国林业现代化建设水平，加快实施国家生态安全屏障保护修复、天然林资源保护、湿地保护与修复等重点工程；二是有利于进一步完善林业补贴政策，为推动建立地方财政森林经营补贴制度提供支持；三是有利于建立健全林业减排增汇金融支持体系，引导金融机构开发与林业减排增汇项目特点相适应的金融产品。

对畜牧业的影响及应对措施

要因地制宜，采用多种畜牧业绿色发展模式，推进畜牧业实现规模化经营。以集约经营引领现代畜牧业高质量绿色发展，集中力量突破关键性的技术制约，发展种养结合循环利用模式，实现种植业和畜牧业系统两个要素的双向流动，促使资源高效利用，继续完善生态补偿机制。

对渔业的影响及应对措施

大力发展绿色渔业，降低渔业生产能耗，实现渔业的“低能耗、低排放、低污染”：一是更好地发展蓝色海洋经济，增加蓝色碳汇；二是依靠科技促进低碳渔业技术发展模式创新；三是通过养殖品种的选择与组合、养殖技术的提升，有效提高渔业生产效率；四是实现渔业养殖业由分散养殖向专业化、标准化、规模化、集约化、生态化养殖方式转变，海洋捕捞业向配额和船只低碳化方向发展，实现海洋捕捞业低碳化转型。

碳达峰、碳中和战略目标下第一产业的发展愿景

创新碳汇农业发展路径，推进种植业低碳发展

大力推广种养结合技术，实现有机肥和饲料在植物生产和动物养殖之间的平衡，合理发展农村生物质能源产业。从技术研发、推广示范、人才培养和国际合作等方面统筹发力，助力碳达峰、碳中和行动。推进农业专业合作社等新型经营主体规模化生产，以解决农业经营规模过小与发展低碳农业的矛盾。

创新生态养殖模式，发挥渔业的碳汇功能

实行立体化综合养殖，通过各层生物的有机互动，实现渔业生态环境平衡，增强生物碳汇功能。发展海洋牧业，提高碳汇渔业水平，推动海洋森林工程建设，培育高效集约型的海洋牧场，有效实现固碳目标和蓝色粮仓的战略结合。将蓝色碳汇渔业列入碳排放交易制度，建立蓝碳交易，在全国乃至全球范围内形成以蓝碳基金和生态补偿基金为核心的渔业碳汇市场和碳平衡交易制度，实现养殖渔业碳汇生态服务的有偿化，支持与推动海洋生物多样性增殖放流，以及海洋牧场的特色化建设。

建立健全碳达峰、碳中和相关法律法规和激励考核机制

加快制定颁布碳达峰、碳中和法律法规与技术标准，建立低碳消费制度，通过法制化、制度化、标准化确保碳达峰、碳

中和工作的稳定与可持续，制定促进减污降碳协同效应的政策和考核制度。将碳达峰、碳中和与面源污染防治一起纳入地方政府和重点企业的考核指标中，逐步形成减碳控污协同的考核激励机制。

加强科技支撑，引领产业低碳示范

开发工厂化农业、规模化养殖、农渔机械、屠宰加工及储存运输的节能装备。创新农业废弃物资源化、能源化利用技术体系。集成农业温室气体减排固碳技术模式，在农业绿色先行区、区域典型村镇、大型种养企业，开展减排、固碳、能源替代等示范工作。

碳达峰、碳中和与第二产业

实施碳达峰、碳中和战略给第二产业带来的机遇和挑战

第二产业是能源消耗和碳排放的主要来源，包括各类专业工人和各类工业或产品，而我国是全球唯一拥有联合国产业分类中全部工业门类的国家。改革开放后，我国的工业生产迅速发展，建立了门类齐全的工业体系，已成为世界第一制造业大国。工业和建筑业是碳排放的重要领域，是碳中和的重要责任主体，钢铁、化工、电力、石油和采掘业等行业又占据了工业近 90% 的碳排放量。

2021 年 1 月，生态环境部发布了《关于统筹和加强应对气候变化与生态环境保护相关工作的指导意见》，提出能源、工业、交通、建筑等领域碳达峰目标和措施。

要实现“双碳目标”，第二产业走低碳式发展之路仍面临许多挑战。产业结构偏重、能源结构偏煤、区域之间发展不平

衡，使经济欠发达区域难以依靠自身的力量实现产业结构的绿色转型，经济发达区域则面临着落后产能淘汰、土地要素限制等其他方面的难题。低碳技术创新能力有待加强，核心技术普遍缺乏，开发出的节能技术还面临着难选择、难普及、难融资以及难落地等诸多挑战。

实施碳达峰、碳中和战略对第二产业的影响及应对措施

对工业的影响及应对措施

工业作为国民经济的支柱，消耗了全国 70% 的能源，贡献了全国 80% 的二氧化碳排放量，其中化石能源是二氧化碳排放的主要来源。从碳排放角度看，“双碳”目标对石化、煤炭以及冶炼等传统重工业影响巨大。传统产业存在碳排放量过高、发展空间有限、污染问题难以治理等实现目标的阻碍，需要重点突破。碳中和目标能够为创新技术、设施更新以及产业高度关联创造全新的机遇。从产业发展的角度看，实施“双碳”目标必将带动工业制造业产业链升级，也将推动新能源行业向外扩展，能源体系转向含碳为零的光伏、风力以及水能等新能源体系。

采掘业 | 采掘业产业内部碳减排主要关注燃料能源开采、金属生产锻造以及含碳氢化合物的提取等温室气体重点排放行业的工作效率，产业外部需提高各行业资源使用效率以减少采

掘需求。碳税、碳交易以及环境约束等政策，在对能源开采企业施加成本约束的同时，也会对能源开采企业的技术创新产生推动作用。

制造业 | 制造业中的非金属矿物制品业、黑色金属冶炼及压延加工业、化学原料及化学制品制造业、有色金属冶炼及压延加工业、电力热力的生产和供应业、石油加工炼焦及核燃料加工业都是高耗能行业。实施碳达峰、碳中和战略，需要明确制造业碳排放的主要驱动因素，进而找寻制造业碳排放的有效减排路径。碳减排政策实施要通过调整经济活动和能源强度、技术创新以及产业结构调整来实现较低的环境压力和资源消耗，实现制造业可持续快速增长。经济活动效应是制造业碳排放的最主要驱动因素，能源强度效应是造成制造业子行业间碳排放差异的最重要的影响因素。实施碳达峰、碳中和战略，有利于提高以黑色金属冶炼和压延加工业为代表的高排放强度行业能源利用效率。

电力行业 | 要进一步提升我国电气化率，实施电力低碳发展转型战略，加快推进火电“高效化、清洁化、减量化”发展，探索“电热为主、多能互补”发展模式，逐步摆脱电力行业对化石燃料的依赖。开展火电技术改造，加快火力发电机组灵活性改造，通过负荷调整管理用电需求解决用电时空差异，有效衔接碳市场、电力辅助服务市场等。

对建筑业的影响及应对措施

建筑施工每年形成的碳排放约占世界碳排放总量的11%。我国建筑能耗约占整个社会能耗的1/3，降低建筑能耗将显著改善社会整体能耗状况，同时对节能减排以及环境保护具有非常明显的效果。建筑领域碳减排已成为我国实现碳达峰、碳中和目标的关键一环。碳减排意味着行业内生产方式、技术水平、材料选择、商业模式等均将面临革新，绿色建筑及绿色金融等为建筑行业带来了新的发展机遇。

碳达峰、碳中和战略目标背景下第二产业的发展愿景

构建完善现代绿色低碳工业体系

现代绿色低碳工业体系是指一个国家或地区能够以较低碳排放水平维持较高工业增速的高质量工业体系。建成现代绿色低碳工业体系是工业碳中和的基础，应实施高标准绿色工厂生产体系，控制和减少六大高耗能行业的碳排放，以“绿色智造”推进制造业绿色低碳转型。

优化工业产能空间布局

构建合理的工业空间布局，处理好区域之间经济、社会、环境之间的平衡关系，不同区域碳中和的时间节点应综合考虑区域发展阶段、资源禀赋、产业结构、能源结构、技术水平和

空间尺度等因素，合理组织优化工业产能的空间布局和产业转移。

建立工业低碳技术创新体系

加快建立独立自主的现代低碳技术创新体系，大力研发应用各类减污降碳新工艺、新技术、新产品。采掘业要加快更新采掘工艺和采掘设备技术，加工制造业要不断优化创新技术模式与方法，发电业要推动电力新技术、新工艺、新流程、新装备、新材料的广泛应用和大力发展新能源发电技术，建材业要加快推广低碳前沿技术，要积极发展新能源产业，积极探索碳捕集、利用与封存技术。

构建国内生产与国际贸易新格局

碳中和将成为塑造和构建国际贸易新发展格局的重要力量。随着欧盟、日本等大型经济体先后开启碳中和进程，碳关税也将因此成为国际贸易的重要议题。全面贯彻落实“双碳目标”，将增强我国工业产品在未来国际贸易中的绿色低碳竞争优势以及现代工业体系在全球经济格局中的整体竞争优势，进一步巩固和提升我国在全球贸易中的份额。

推动工业制造业产业链升级

实施“双碳目标”，以减少碳排放为目的加速制造业产业链的转型升级，一方面要提升产业配套水平，使产业链条分别向研发和市场两个方向延伸；另一方面应在不影响比较优势的基础上，为集中经济优势和技术优势攻关总部经济环节创造条件，从根本上推动制造业产业链向全球价值链的中高端迈进。

碳达峰、碳中和与第三产业

第三产业碳排放

第三产业是指除第一产业、第二产业以外的其他行业，也称服务业。服务业碳排放占所有产业总排放的比重较低，自2000年以来，我国第三产业碳排放总量呈持续上升、增速放缓趋势。在工业节能减排成果边际效应递减越发明显的形势下，服务业将成为潜力巨大的节能减排新领域。

在服务业的行业分类中，煤炭消费比例最大的是居民服务和其他服务业，石油消费比例最大的是交通运输、仓储和邮政业，天然气消费比例最大的是住宿和餐饮业，热力、电力消费比例最大的是信息传输、计算机服务和软件业。

2019年5月，生态环境部印发了《大型活动碳中和实施指南（试行）》，指导大型活动实施碳中和，倡导低碳举办大型活动的理念。该指南提出，在大型活动筹备、举办和收尾阶段应当尽可能实施控制其温室气体排放的行动，并确保控排行动的有效性，规定大型活动组织者需要先控排和减排，再实现碳中和。大型活动组织者应通过购买碳配额、碳信用的方式或新建林业项目产生碳汇量的方式来抵消大型活动实际产生的温室气体排放量。鼓励优先采用来自贫困地区的碳信用或在贫困地区新建林业碳汇项目。

实施碳达峰、碳中和战略对第三产业的影响及应对措施

对交通运输业的影响及应对措施

联合国政府间气候变化专门委员会报告显示，交通运输部门是第三大温室气体排放部门，仅次于能源供应部门和工业生产部门。2013—2019 年，我国交通运输领域碳排放年均增速保持在 5% 以上，已成为温室气体排放增长最快的领域。交通运输领域碳排放占全国终端碳排放的约 15%。

为了实现碳达峰、碳中和战略目标，一是要继续推广交通运输减排技术应用，综合运用电、氢等新能源运输装备替代，加快纯电动汽车等新能源汽车推广，提高运输装备燃油效率，应用智能化、自动化技术提高运输效率等。要协同推进汽车与能源、交通、信息通信等产业的深度融合，完善绿色产品的标准体系。二是加快交通运输结构优化，组织实施交通运输结构性减排工程，提高铁路、水路货运比重，引导城市出行选择轨

道交通等公共交通，减少私家车出行，系统性降低交通运输碳排放。三是制定和健全交通运输领域应对气候变化的政策法规，建立交通运输能耗和碳排放监测评价体系，编制交通运输企业温室气体排放核算方法指南，加快建设交通运输领域能耗与排放在线监测平台，设立交通运输碳减排产业基金，用于低碳能源转型和实现碳减排的技术研发、技术示范和市场推广。

对金融业的影响及应对措施

在实施“碳达峰、碳中和”战略下，绿色金融驶入快车道，包括碳金融、绿色信贷、绿色债券在内的绿色金融业务将迎来巨大机遇。

金融机构通过绿色融资服务和排放权金融服务助力“双碳目标”实现，一方面为企业在清洁能源开发利用、节能减排方面提供金融服务；另一方面为客户参与碳交易各个环节提供综合服务，以及为推进国内碳交易市场平台建设研发配套的碳金融产品及服务。

在“双碳目标”战略背景下，推动绿色金融市场全面规范发展，既要夯实产业基础和现货市场，也要构建和完善绿色金融制度体系。

对信息传输、计算机服务和软件业的影响及应对措施

信息传输是从一端将命令或状态信息经信道传送到另一

端，或多或少都会产生污染和碳排放。电脑在所有 IT（信息技术）设备产生的碳排放中占的比例最大，1 台电脑每年可制造约 0.1 吨的二氧化碳。互联网技术设备所消耗的巨大能源值得重视，信息传输过程、计算机服务软件的使用，都存在碳排放的问题，实施碳达峰、碳中和战略，不可避免地会给信息传输、计算机服务和软件业带来影响。要建立和完善行业低碳政策法规，坚持进行技术创新，不断开发绿色电脑产品，推行虚拟化、云计算技术，降低能源消耗，减少碳排放，实现行业环保运营。

对批发和零售业的影响及应对措施

批发和零售、物流配送的能源消耗中煤炭消费量、汽油消费量、天然气消费量及电力消费量占有较大的比重，实施碳达峰、碳中和战略，对这些行业必将带来影响。要构建低碳式零售业供应链管理体系，通过激励政策与约束机制建设，进一步完善零售业节能减排措施。

对住宿和餐饮业的影响及应对措施

宾馆、酒店、餐厅是公众消费场所，每天都要向外界排放大量的烟尘、废水、废气，以及消耗大量的能源。实施碳达峰、碳中和战略，必然影响到住宿和餐饮业。住宿和餐饮业要达标运营，就必须进行整顿和整治，以达到减少和控制粉尘及污水排放的目的。治污减排需要环保投入，必将增加企业的运营成本。

促进住宿和餐饮业低碳发展，要通过制定酒店低碳控制程序、制度，有效实现低碳经营和管理的监督机制，创新低碳型绿色酒店的管理机制。要加强低碳餐饮、文明用餐宣传，使低碳餐饮成为饮食活动的时尚，倡导低碳旅游饮食、低碳消费的绿色生活方式。

对房地产行业的影响及应对措施

实施碳达峰、碳中和战略，势必会形成更加严格的、具有约束性的行业减排目标。房地产和建筑行业及其价值链相关企业，作为碳排放的主要贡献者，将承担全产业链的节能减排重任。

要全力推动房地产行业的供应链减碳，制定建筑全生命周期碳排放标准，将低碳理念贯穿设计、施工运行及经营管理、维修服务各阶段，促进建筑相关供应链行业（如钢筋、水泥、玻璃、家电等行业）为客户提供更多的绿色低碳产品。

碳达峰、碳中和战略目标背景下第三产业的发展愿景

提高服务业碳生产率

以服务业碳生产率为重点指标，构建服务业低碳增长绩效

评价体系，通过充分发挥空间互动效应来促进服务业碳生产率的区域协调发展，因地制宜地适当优化服务业能源结构与部门结构，促进服务业稳步增长。

挖掘服务业碳减排潜力

注重服务业领域去碳化的政策性引导，调整服务业内部产业结构，强化服务业能耗、碳排放与经济增加值良性脱钩。深化重点领域的节能减排工作，发展综合型绿色交通系统，倡导绿色消费，有步骤、有计划地推动节能型和低碳型现代服务业的发展，降低能耗强度和碳排放强度。

优化排放权交易

通过平衡各行业交易后的经济效益与减排效益，优化服务业排放权交易模式，探寻减排成本最低的服务业绿色均衡发展路径。流通服务业能耗和排放量较大，但减排的边际成本较低，在排放权交易过程中倾向于出售排放权。生产性服务业、消费性服务业和社会性服务业减排的边际成本较高，在排放权交易过程中倾向于购买排放权。将地方碳排放权交易市场逐步纳入全国碳排放权交易市场，通过碳普惠制金融探索来构建碳账户，推动企业积极参与碳金融市场。

调整能源投入结构

通过调整能源投入结构推动产业结构优化和经济增长质量，在服务业中需要提高热力、电力和天然气等低碳能源的比重，减少煤炭、石油等高碳能源的比重，降低化石能源比重，大力开发和利用新能源和可再生能源。

第六章

碳达峰、碳中和与政策

我国要实现碳达峰、碳中和“30 · 60目标”（即2030年碳达峰、2060年实现碳中和），将完成全球最高碳排放强度降幅，用全球历史上最短的时间实现从碳达峰到碳中和，需要在碳减排途径、技术、机制和政策上开拓思路、积极创新，开展一场广泛而深刻的经济社会系统性变革，更需要有一套系统、完整、强有力的政策措施来确保目标的实现。目前，从国家到地方各级政府部门、行业机构通过一系列政策组合拳，积极推进战略提升与政策强化，在确保产业链、供应链安全的基础上，开启了一场新的能源革命。

国家发展战略与政策规划

国家发展战略：逐步进入碳排放强度和总量双控

从“八五”计划开始到“十一五”规划，每一次国民经济和社会发展五年规划都明确提出了控制温室气体排放的目标要求；“十二五”规划提出健全节能减排激励约束机制，健全节能减排法律法规和标准，强化节能减排目标责任考核，坚持减缓和适应气候变化并重，提高应对气候变化能力，综合运用调整产业结构和能源结构、节约能源和提高能效、增加森林碳汇等多种手段，大幅度降低能源消耗强度和二氧化碳排放强度，有效控制温室气体排放。同时还提出要“探索建立低碳产品标准、标识和认证制度，建立完善温室气体排放统计核算制度，逐步建立碳排放交易市场”；“十三五”规划强调碳排放总量得到有效控制，主要污染物排放总量大幅减少，推动低碳循环发展，推进能源革命，提高非化石能源比重，推动煤炭等化石能源清洁高效利用，推行节能低碳电力调度，推进交通运输低碳发展，提高建筑节能标准，推广绿色建筑和建材，主动控制碳排放，加强高能耗行业能耗管控，有效控制电力、钢铁、建材、化工等重点行业碳排放，支持优化开发区域率先实现碳排放峰值目标，实施近零碳排放区示范工程。

《“十四五”规划和2035年远景目标纲要》提出，加快推动绿色低碳发展，强化绿色发展的法律和政策保障，发展绿色金融，支持绿色技术创新，推进清洁生产，发展环保产业，推进重点行业和重要领域绿色化改造，推动能源清洁低碳安全高效利用，发展绿色建筑，降低碳排放强度，支持有条件的地方率先达到碳排放峰值；制订2030年前碳排放达峰行动方案，积极参与和引领应对气候变化等生态环保国际合作。

政策规划：驱动经济社会系统性变革

2007年6月，国务院发布的《中国应对气候变化国家方案》是我国第一部应对气候变化的全面的政策性文件，也是发展中国家颁布的第一部应对气候变化的国家方案，明确了到2010年中国应对气候变化的具体目标、基本原则、重点领域及其政策措施。

2008年10月，国务院新闻办公室发布《中国应对气候变化的政策与行动》白皮书，全面介绍气候变化对中国的影响、中国减缓和适应气候变化的政策与行动及中国对此进行的体制机制建设。

2010年7月，国家发展改革委发布了《关于开展低碳省区和低碳城市试点工作的通知》，明确将组织开展低碳省区和低碳城市试点工作，并确定广东、辽宁、湖北、陕西、云南五省和天津、重庆、深圳、厦门、杭州、南昌、贵阳、保定八市为第一批国家低碳试点。

2011年12月，国务院印发的《"十二五"控制温室气体排放工作方案》提出，围绕到2015年全国单位国内生产总值二氧化碳排放比2010年下降17%的目标，大力开展节能降耗，优化能源结构，努力增加碳汇，加快形成以低碳为特征的产业体系和生活方式。

2013年9月，国务院印发的《大气污染防治行动计划》提出，到2017年，全国地级及以上城市可吸入颗粒物浓度比2012年下降10%以上，优良天数逐年提高；京津冀、长三角、珠三角等区域细颗粒物浓度分别下降25%、20%、15%左右，其中北京市细颗粒物年均浓度控制在60微克/立方米左右。

2013年9月，环境保护部、国家发展改革委等六部门联合印发的《京津冀及周边地区落实大气污染防治行动计划实施细则》提出，经过5年努力，京津冀及周边地区空气质量要明显好转，重污染天气较大幅度减少，力争再用5年或更长时间，逐步消除重污染天气，空气质量全面改善。

2014 年 3 月，国家发展改革委、国家能源局、环境保护部印发的《能源行业加强大气污染防治工作方案》提出，加快治理重点污染源，加强能源消费总量控制，保障清洁能源供应，转变能源发展方式，形成清洁、高效、多元的能源供应体系，实现绿色、低碳和可持续发展的目标。

2014 年 9 月，国家发展改革委发布《国家应对气候变化规划（2014—2020 年）》提出，到 2020 年，控制温室气体排放行动目标全面完成，低碳试点示范取得显著进展，适应气候变化能力大幅提升，能力建设取得重要成果，国际交流合作广泛开展等。

2015 年 5 月，国家发展改革委、环境保护部、国家能源局印发了《加强大气污染治理重点城市煤炭消费总量控制工作方案》，强调细化煤炭消费总量控制工作，进一步促进重点城市空气质量改善。

2016年4月，工业和信息化部公布的《工业节能管理办法》强调了用能权交易制度，明确节能管理手段，建立健全节能监察体系，突出企业主体地位，重点抓用能大户。

2019 年 2 月，国家发展改革委等七部门印发了《绿色产业指导目录（2019 年版）》，首次清晰界定了绿色产业的具体内容，为绿色产业的发展奠定了良好的基础。

2020 年 11 月，国务院办公厅印发《新能源汽车产业发展规划（2021—2035 年）》，提出了2025—2035年的阶段发展愿景，明确了通过发展新能源汽车减少碳排放。

2020 年 12 月，中央经济工作会议提出，2021 年要做好碳达峰、碳中和工作。我国二氧化碳排放力争到 2030 年前达到峰值，力争在 2060 年前实现碳中和。要抓紧制订 2030 年前碳排放达峰行动方案，支持有条件的地方率先达峰。要加快调整优化产业结构、能源结构，推动煤炭消费尽早达峰，大力发展新能源，加快建设全国用能权、碳排放权交易市场，完善能源消费双控制度。

2020 年 12 月，国务院新闻办公室发布的《新时代的中国能源发展》白皮书提出，要坚持清洁低碳导向，树立人与自然和谐共生理念，把清洁低碳作为能源发展的主导方向，推动能源绿色生产和消费，优化能源生产布局和消费结构，加快提高清洁能源和非化石能源消费比重，大幅降低二氧化碳排放强度和污染物排放水平，加快能源绿色低碳转型，建设美丽中国。

2021 年 1 月，生态环境部印发的《关于统筹和加强应对气候变化与生态环境保护相关工作的指导意见》提出，遵循系统谋划、整体推进、重点突破的思路，从战略规划、政策法规、制度体系、试点示范、国际合作等方面提出了重点任务安排，推进统一政策规划标准制定、统一监测评估、统一监督执法、统一督察问责。

2021 年 2 月，国务院印发的《关于加快建立健全绿色低碳循环发展经济体系的指导意见》提出，健全绿色低碳循环发展的生产体系、流通体系、消费体系，加快基础设施绿色升级、构建市场导向的绿色技术创新体系，完善法律法规政策体系，推动绿色低碳循环发展。

顶层设计："1+N 政策体系"

党中央国务院已经成立了碳达峰碳中和工作领导小组，正在制定碳达峰碳中和时间表、路线图。"1+N 政策体系"是在各个主要领域采取一系列政策措施，加速转型和创新。[①]

优化能源结构，控制和减少煤炭等化石能源 | "十四五"时期，严控煤炭消费的增长，"十五五"时期要逐步减少，安全高效发展核电，因地制宜发展水电，大力发展风电、太阳能、生物质能、海洋能、地热能，发展绿色氢能。2030 年要建成风电和太阳能光伏发电装机要达到 12 亿千瓦，构建以新能源为主体新型电力系统，推进工业电动交通和提高能源利用效率。

推动产业和工业优化升级 | 遏制高能耗、高排放行业盲目发展，推动传统产业优化升级，发展新一代信息技术、高端装备、新材料、生物、新能源、节能环保等战略性新兴产业，努力构建高效、清洁、低碳、循环绿色制造体系。

推进节能低碳建筑和低碳设施 | 加快发展超低能耗、净零

---

① 解振华. 碳达峰碳中和"1+N"政策体系即将发布，十大领域要创新转型 [EB/OL]. https://finance.ifeng.com/c/888bLtyqdm5，2021-07-25.

能耗、低碳建筑，鼓励发展装配式建筑和绿色建材，在基础设施建设运行管理的各个环节，落实绿色低碳理念，建设低碳智慧型城市和绿色乡村。

构建绿色低碳交通运输体系 | 优化运输结构，推动公共交通优先发展，发展电动氢燃料电池等清洁零排放汽车。要建设加氢站、换电站、充电站。

发展循环经济，提高资源利用效率 | 循环经济是经济社会发展与污染排放脱钩，减缓气候变化的治本政策，加强相关领域的立法，坚持生产责任延伸制度，推动静脉产业、动脉产业的发展，鼓励推广再制造，建立完善让所有参与方都能够受益的方式。

推动绿色低碳技术创新 | 研究发展可再生能源，发展智能电网、储能、绿色氢能、电动和氢燃料汽车，实现碳捕集、利用和封存，发展资源循环利用链接技术，具有推广前景的低碳、零碳和负碳技术。

发展绿色金融 | 以扩大资金支持和投资，建立完善绿色金融体系，支持金融机构发行绿色债券、创新绿色金融产品和服务，积极推进绿色“一带一路”建设。

出台配套经济政策和改革措施 | 完善财政、税收、价格等鼓励性经济政策，明确鼓励什么、限制什么，引导资金、技术流向绿色、低碳领域。

建立完善碳市场和碳定价机制 | 碳市场和碳定价机制以尽

可能低的成本实现全社会减排目标，要逐步扩大市场覆盖范围，丰富交易品种和交易方式。

实施基于自然的解决方案丨基于自然的解决方案既有助于增加碳汇控制温室气体排放，也有助于提高适应气候变化的能力，保护生物多样性。要大力推动植树造林，保护自然生态系统，与联合国及有关国家继续推动相关领域国际合作的倡议。

国家和省（区、市）“双碳”目标和规划

《“十四五”规划和2035年远景目标纲要》提出，要积极应对气候变化，落实2030年应对气候变化国家自主贡献目标，制订2030年前碳排放达峰行动方案。完善能源消费总量和强度双控制度，重点控制化石能源消费。实施以碳强度控制为主、碳排放总量控制为辅的制度，支持有条件的地方和重点行业、重点企业率先达到碳排放峰值。推动能源清洁低碳安全高效利用，深入推进工业、建筑、交通等领域低碳转型。加大甲烷、氢氟碳化物、全氟化碳等其他温室气体控制力度。提升生态系统碳汇能力。锚定努力争取2060年前实现碳中和，采取更加有力的政策和措施。加强全球气候变暖对我国承受力脆弱地区影响的观测和评估，提升城乡建设、农业生产、基础设施适应气候变化的能力。加强青藏高原综合科学考察研究。坚持公平、共同但有区别的责任及各自能力原则，建设性参与和引

领应对气候变化国际合作，推动落实《联合国气候变化框架公约》及其《巴黎协定》，积极开展气候变化“南南合作”。

各省（区、市）的《“十四五”规划和2035年远景目标纲要》，也提出了2030年前碳排放达峰行动方案，制定了各自的“十四五”发展目标与任务，实现碳达峰目标成为当前和未来的一项重点工作。据不完全统计，已经有80多个低碳试点城市研究提出达峰目标。在省级层面，上海、福建、海南、青海等提出在全国达峰之前率先达峰，天津、上海、河北、山西、江苏、安徽、福建、江西、山东、河南、陕西、辽宁、湖北、海南、四川、甘肃、西藏17个省（自治区、直辖市）提出2021年制订实施二氧化碳排放达峰行动方案。

财税与金融专项政策

财税政策

财税环境保护政策的形成与发展

1978 年 12 月,《环境保护工作汇报要点》首次提出实行排放污染物收费制度的设想;1979 年颁布的《中华人民共和国环境保护法(试行)》第 18 条规定,超过国家规定的标准排放污染物,要按照排放污染物的数量和浓度,根据规定收取排污费;1982 年国务院颁布了《征收排污费暂行办法》,标志着排污收费制度正式建立;1984 年颁布的《关于环境保护资金渠道的规定的通知》明确了环境保护资金的 8 条渠道;1984 年颁布的《中华人民共和国资源税条例(草案)》,标志着我国资源税正式建立;1985 年开征城市维护建设税,所征税款用于城市环境卫生、园林绿化等公共基础设施的建设与维护;1986 年颁布的《节约能源管理暂行条例》,制定了主要的节能标准和节能设计规范,并制定了一系列节能优惠政策；1988 年 7 月发布了《污染源治理专项基金有偿使用暂行办法》，将分散使用的环境保护补助资金，集中其一部分进行使用；1989—1990 年，城镇土地使用税、车船使用税等地方税种也均制定了生态环境保护税收优惠措施；1994 年开始的分税制改革，主动运用税收政策调节资源与环境消费，标志着环境财税政策体系开始形成；1995 年印发了《关于对部分资源综合利用产品免征增值税的通知》；1996 年出台了《关于进一步开展资源综合利用的意见》；1996 年 8 月印发了《关于环境保护若干问题的决定》；1998 年发布了《关于在酸雨控制区和二氧化硫污染控制区开展征收二氧化硫排污费扩大试点的通知》；2003 年颁布了《排污费征收使用管理条例》《排污费征收标准管理办法》《排污费资金收缴使用管理办法》；2005 年 12 月印发了《关于落实科学发展观加强环境保护的决定》；2007 年印发了《关于开展生态补偿试点工作的指导意见》；2013 年设立了大气污染防治专项资金；2015 年印发的《关于加快推进生态文明建设的意见》提出健全生态保护补偿机制；2016 年 4 月印发的《关于健全生态保护补偿机制的意见》提出应尽可能地探索构建多元化的生态保护补偿机制，并扩大补偿涉及的范畴，科学合理地逐步提高补偿标准，并提出相应的目标；2018 年 12 月印发了《建立市场化、多元化生态保护补偿机制行动计划》。截至 2020 年，已基本形成包括大气、水、土壤、农村等要素的环境保护专项资金财政体系。

政府通过加大投入、制定排污收费政策、减免税等多项直接和间接措施，加强生态环境治理，不仅在一定程度上遏制了环境污染趋势，而且建立了较为完善的激励约束体系，加快了我国生态文明建设步伐，也为实现碳达峰、碳中和目标打下了良好的基础。

财税政策改革促进治污减排约束机制形成

改革开放后，根据气候、环境变化及经济社会发展情况，国家不断更新完善财税政策，对治理污染、保护环境起到了重要作用。

对原油、天然气和煤炭等化石能源征税 | 原油、天然气和煤炭等化石能源属于资源税的征收范围，也是资源税最早实施“从价计征”的改革对象。我国在对成品油征收消费税的基础上，于2009年实施了成品油税费改革，其后还通过多次提高成品油单位税额，对化石燃料的征税，以及提高化石燃料的使用成本，起到调控二氧化碳排放的作用。

对机动车的征税 | 对小汽车和摩托车征收消费税，对机动车征收车辆购置税，对机动车船征收车船税，以及根据乘用车的排气量设置差别税率，对新能源汽车、公共交通车辆和节能车船给予优惠政策的做法，有力地促进了新能源汽车的替代和低碳交通发展，减少了来自流动源的碳排放。

征收环境保护税 | 我国从2018年开征环境保护税，在全

国范围对大气污染物、水污染物、固体废物和噪声四大类污染物的 117 种主要污染因子进行征税，明确直接向环境排放应税污染物的企业事业单位和其他生产经营者为环境保护税的纳税人，使能源资源的产品价格体现环境成本，理顺稀缺资源的价格，从而降低资源的消耗速度，促进生产和消费向可持续方向发展。环保税约束了煤炭等化石燃料的使用，积极促进生态环境损害鉴定评估、生态环境修复等相关产业发展，促进了治污减排内在约束机制的形成。

实施节能和资源综合利用的优惠政策 | 实施对风电、光伏发电等清洁能源，对燃料乙醇、生物柴油等替代燃料，对节能设备和节能项目，以及对资源综合利用等实施增值税、消费税和企业所得税等一系列税收优惠政策，有助于调整能源结构、引导化石燃料替代能源发展；通过资源综合循环利用整体减少资源消耗，发挥促进碳减排、保护环境的作用。

完善财税法规，确保碳政策下经济社会健康发展

当前我国正处于工业化、城镇化快速发展时期，主要行业产业政策和多数地区发展规划中不可避免地保留了许多高碳项目计划，对现有大量高碳设施没有明确的淘汰和改造计划，对低碳改造缺乏技术储备和大规模投入规划。应采取更加有力的措施，通过优化税收优惠政策减少企业环保成本，遏制农村地区“小而散”的污染源对环境的破坏，加大对环保监测服务、环保技术研发和环保设备生产政策的支持力度，进一步完善环境保护税收政策，逐步健全促进低碳能源发展的政策体系。

在实现碳达峰、碳中和目标的过程中，应继续发挥现已实施的税收政策的作用，同时在环境保护税中增设二氧化碳税目，确立专门的碳税制度，更好地与碳交易制度相协调、配合，做好实现碳达峰、碳中和目标与经济社会发展之间的平衡与协调。

金融政策

绿色金融发展现状

2016 年 8 月，中国人民银行等七部门印发了《关于构建绿色金融体系的指导意见》，旨在动员和激励更多社会资本投入到绿色产业，更有效地抑制污染性投资，加快经济向绿色化转型，促进环保、新能源、节能等领域的技术进步。2019 年中国银行业协会组织开展了绿色银行评价工作，21 家主要银行绿色金融制度正在逐步完善，绿色银行总体评价整体明显提升。2020 年 10 月，生态环境部、国家发展改革委、中国人民银行、银保监会、证监会五部门联合发布了《关于促进应对气候变化投融资的指导意见》。2020 年 12 月，生态环境部通过了《碳排放权交易管理办法（试行）》，提出生态环境部将按照国家有关规定建设全国碳排放权交易市场，组织建立全国碳排放权注册登记机构和全国碳排放权交易机构，组织建设全国碳排放权注册登记系统和全国碳排放权交易系统。《2020 年金融机构贷款投向统计报告》显示，截至 2020 年末，我国绿色信贷余额已居世界首位。

加大政策执行力度

建立绿色金融体系，实现碳达峰、碳中和目标，重在加大政策执行力度。政府、部门、企业、中介服务机构等多个市场主体要相互配合和协同推进。

首先在政策方面，需要进一步完善绿色金融相关的货币政策、信贷政策、监管政策等，继续向绿色低碳领域倾斜。如通过利率优惠，碳减排专项再贴现、再贷款以及长期资金的信贷工具支持碳减排项目；对高碳排放企业和低碳排放企业实行差别化的财税征收政策，增强企业的碳减排动力；在政策框架中全面纳入气候变化因素、鼓励金融机构积极应对气候挑战和深化国际合作等，强化环境与气候风险管理。

其次在金融市场方面，应推动包括碳中和债券、碳中和信贷、低碳指数、低碳基金、碳交易等绿色融资市场规模不断壮大，持续探索支持碳减排创新工具。中国人民银行在落实碳达峰、碳中和重大决策部署中，把完善绿色金融政策框架和激励机制列为重点，确立了充分发挥金融支持绿色发展的资源配置、风险管理和市场定价的“三大功能”以及完善绿色金融标准体系、强化金融机构监管和信息披露要求、逐步完善激励约束机制、不断丰富绿色金融产品和市场体系、积极拓展绿色金融国际合作空间“五大支柱”的绿色金融发展政策思路。

完善绿色金融政策体系

碳达峰、碳中和战略目标的实现需要金融引导，金融业可以在碳减排支持工具、碳中和融资工具和碳排放定价交易上发挥不可或缺的重要作用。我国自 2011 年建立碳排放权交易试点以来，与之息息相关的碳金融市场应运而生。完善的政策制度和法律体系是碳金融市场高效运作的制度保障，目前我国绿色金融政策体系仍不完善，相关标准尚未统一，各地的管理条例和暂行办法无法为碳金融市场提供有效的政策保障。制定与碳金融市场配套的法律法规和部门规章，明确碳排放权的归属和交易主体的法律地位势在必行。需要在充分考虑国情和减排目标的基础上，明确在市场交易准则、违规碳排放处罚、碳现货、碳金融衍生品等方面的交易规则，进一步完善碳市场交易机制，提高市场透明度，做好信息公开，实现对碳金融市场的运作进行严格的监管和交易管理。

实施碳达峰、碳中和战略，需要不断完善绿色金融政策框架和激励机制，针对绿色金融搞好顶层设计和规划，统一绿色金融标准体系，填补金融政策空白，全面提升金融政策实施空间，确保如期实现碳达峰、碳中和目标。

产业政策

煤炭工业政策

为促进煤炭资源全生命周期实现安全绿色开发、清洁低碳利用、产业链现代化，为我国如期实现碳达峰、碳中和战略目标奠定基础，2021 年 5 月，中国煤炭工业协会印发了《煤炭工业“十四五”高质量发展指导意见》。[①]

在“绿色低碳开发与清洁高效利用相结合”的发展原则上提出：推动绿色开采，增强矿区生态功能；加强节能降碳技术创新，深入推进循环经济发展。统筹煤与非煤能源，促进煤与新能源可再生能源优势互补；推动清洁利用，拓展煤炭消费空间；统筹煤炭生产、加工与消费全过程。

在“推动矿区生态文明建设”重点任务中提出：因地制

① 煤炭工业“十四五”高质量发展指导意见 [EB/OL]. http://www.coalchina.org.cn//uploadfile/2021/0603/20210603114439221.pdf，2021-06-03.

宜推广充填开采、保水开采、煤与共伴生资源共采等绿色低碳开采技术，鼓励原煤全部入选（洗）。做好黄河流域煤炭资源开发与生态环境保护总体规划和矿区规划，实现煤炭资源开发、建设、生产与生态环境保护工程同步设计、同步实施，提高矿区生态功能，建设绿色矿山。统筹考虑煤炭矿区建设历史、对区域经济社会发展的影响与生态功能区范围设计，对生态功能区与煤炭矿区重叠区域的保护性开发与关闭退出进行科学评价，实现煤炭资源开发与经济社会、生态环境协调发展。

在“推动煤炭绿色低碳发展”的重点任务中提出：贯彻落实碳达峰、碳中和战略，积极推动实施煤炭行业碳减排行动。大力推进清洁生产，加强商品煤质量管理，严格限制劣质煤销售和使用。健全商品煤质量监管体系，建立完善煤炭生产流通消费全过程质量跟踪监测和管理机制。支持煤炭低碳化和分质分级梯级利用，积极发展绿色循环产业，大力推进节能降耗，从产品全生命周期控制煤炭资源消耗。建立健全以市场为导向的低碳技术创新体系，推进煤炭碳排放技术研发和示范推广。培育建设一批行业低碳产业示范基地，探索研究煤炭原料化材料化低碳发展路径，打通煤油气、化工和新材料产业链，推动煤炭由燃料向燃料与原料并重转变。建立健全行业低碳发展推进机制，促进煤炭生产和消费方式绿色低碳转型。

电力产业政策

电力行业是国民经济的基础产业、支柱产业和战略产业，而发展电力信息化、智能电网及电力物联网等产业是实现我国能源生产、消费、技术和体制革命的重要手段。2016年印发的《能源生产和消费革命战略（2016—2030）》提出，到2030年，非化石能源发电量占全部发电量的比重力争取达到50%。2019年3月发布的《泛在电力物联网建设大纲》，明确了“三型两网、世界一流”的战略目标，提出到2021年初步建成泛在电力物联网，到2024年基本建成泛在电力物联网。2021年3月公布的《关于2020年中央和地方预算执行情况与2021年中央和地方预算草案的报告》提出进一步支持风电、光伏等可再生能源的发展和非常规天然气的开采利用，增加可再生、清洁能源供给。

2021年3月，国家电网公司发布碳达峰、碳中和行动方案，提出加快构建清洁低碳、安全高效能源体系，持续推进碳减排，明确了推动能源电力转型主要实践、研究路径以及行动方案。在能源供给侧，将构建多元化清洁能源供应体系，大力发展清洁能源，推广应用大规模储能装置，加快光热发电技术推广应用，推动氢能利用，碳捕集、利用和封存等技术研发。在能源消费侧，将全面推进电气化和节能提效，强化能耗双控，把节能指标纳入生态文明、绿色发展等绩效评价体系，重点控制化石能源消费。

2021 年 5 月，生态环境部印发《关于加强高耗能、高排放建设项目生态环境源头防控的指导意见》，将燃煤发电列入必须坚决遏制的高耗能、高排放项目，要求积极推进高耗能、高排放项目环评试点工作，衔接落实有关区域和行业碳达峰行动方案、清洁能源替代、清洁运输、煤炭消费总量控制等政策要求。在环评工作中，统筹开展污染物和碳排放的源项识别、源强核算、减污降碳措施可行性论证及方案比选，提出协同控制最优方案。鼓励有条件的地区、企业探索实施减污降碳协同治理和碳捕集、封存、综合利用工程试点与示范，推动绿色转型和高质量发展。

要以建立一个低碳乃至近零碳的电力系统为发展方向，通过发展智能电网，创新低碳能源及运输技术，改变终端用能部门消耗模式，发展碳捕集、利用与封存技术，从而实现碳达峰、碳中和目标。

石油化工产业政策

2013 年 1 月，国务院印发的《循环经济发展战略及近期行动计划》提出，构建循环工业体系，在石油石化工业推动废渣、废气、废水资源化利用，加强炼制各环节余热余压的回收利用，构建石油石化行业循环经济产业链。

2016年9月，工业和信息化部印发了《石化和化学工业发展规划（2016—2020年）》，确定了我国石化和化学工业发展的指导思想、发展原则和规划目标。

2020年，中国石油天然气集团制定绿色低碳转型路径，按照“清洁替代、战略接替、绿色转型”三步走总体部署，努力建设化石能源与清洁能源全面融合发展的“低碳能源生态圈”。

2021年1月，中国石油和化学工业联合会发布了《石油和化学工业“十四五”发展指南》《中国石油和化学工业碳达峰与碳中和宣言》《石化绿色工艺名录（2020年版）》。

《石油和化学工业“十四五”发展指南》提出了2035年发展远景目标，“十四五”期间，将以推动高质量发展为主题，以绿色、低碳、数字化转型为重点，深入实施创新驱动发展战略、绿色可持续发展战略、数字化智能化转型发展战略、人才强企战略。

《中国石油和化学工业碳达峰与碳中和宣言》倡议，大力发展循环经济，推动能源绿色低碳转型，创建低碳发展体系。

交通运输产业政策

自2015年以来，财政部等部门先后印发《关于2016—2020年新能源汽车推广应用财政支持政策的通知》《关于新能源汽车推广应用审批责任有关事项的通知》《关于调整新能源汽车推广应用财政补贴政策的通知》《关于支持新能源公交车推广应用的通知》等有关政策文件，对新能源汽车的发展提出了明确要求，为交通运输领域实现碳达峰、碳中和目标做出了政策规定。

2020 年 11 月，国务院办公厅发布的《新能源汽车产业发展规划（2021—2035 年）》提出，坚持创新、协调、绿色、开放、共享的发展理念，以深化供给侧结构性改革为主线，坚持电动化、网联化、智能化发展方向，深入实施发展新能源汽车国家战略，以融合创新为重点，突破关键核心技术，提升产业基础能力，构建新型产业生态，完善基础设施体系，优化产业发展环境，推动我国新能源汽车产业高质量可持续发展，加快建设汽车强国。

交通运输部正在部署《交通运输碳达峰、碳中和行动方案》的研究和编制。交通运输行业是能源消耗、碳排放大户。对于交通行业及全产业链条来说，实现碳达峰、碳中和目标是机遇和挑战并存，包括交通制造、能源供给、超级计算、数字交通，都将纳入新业态、新模式、新技术范畴之中。未来以“双碳”为牵引，将激发交通各要素的迭代升级，到碳达峰乃至碳中和实现的时候，整个交通系统将迎来颠覆性变化。

建筑材料产业政策

2010 年 11 月，工业和信息化部印发的《关于水泥工业节能减排的指导意见》提出，加快研发低碳技术，逐步降低单位二氧化碳排放强度。大力支持工业废渣的再利用，减少水泥生产的过程排放，加强水泥熟料低温煅烧技术研究。开展水泥生产二氧化碳分离、应用技术及其碳捕集、封存的可行性研究。逐步建立水泥行业碳排放的基础数据库，建立评价指标体系，逐步实现水泥行业二氧化碳排放水平的降低。

2015 年印发的《促进绿色建材生产和应用行动方案》提出，推动建材工业稳增长、调结构、转方式、惠民生，更好地服务于新型城镇化和绿色建筑发展。

2016 年 5 月，国务院办公厅印发了《关于促进建材工业稳增长调结构增效益的指导意见》，要求牢固树立和贯彻落实创新、协调、绿色、开放、共享的发展理念，抓住产能过剩、结构扭曲、无序竞争等关键问题，在供给侧截长补短、压减过剩产能，有序推进联合重组，改善企业发展环境，增强企业创新能力，扩大新型、绿色建材的生产和应用，积极开展国际产能合作，优化产业布局和组织结构，有效提高建材工业的质量和效益。

2021 年 1 月，中国建筑材料联合会发布《推进建筑材料行业碳达峰、碳中和行动倡议书》，提出推进建筑材料行业低碳技术的推广应用，优化工艺技术，研发新型胶凝材料技术、低碳混凝土技术、吸碳技术以及低碳水泥等低碳建材新产品。

2021 年 3 月发布的《建筑材料工业二氧化碳排放核算方法》，

明确了建筑材料工业二氧化碳排放分为燃料燃烧过程排放和工业生产过程排放两部分。

钢铁和有色金属产业政策

钢铁行业是我国碳排放最高的制造业，碳排放量占全国碳排放总量的 15%。

2005 年 7 月，国家发展改革委发布的《钢铁产业发展政策》提出，按照可持续发展和循环经济理念，提高环境保护和资源综合利用水平，节能降耗，最大限度地提高废气、废水、废物的综合利用水平，力争实现“零排放”。

2019 年 4 月，生态环境部等五部门印发了《关于推进实施钢铁行业超低排放的意见》，提出了严格新改扩建项目环境准入、积极有序推进现有钢铁企业超低排放改造、依法依规推进钢铁企业全面达标排放、依法依规淘汰落后产能和不符合相关强制性标准要求的生产设施、加强企业污染排放监测监控五项重点任务和采取严格执行环境保护有关税法、给予奖励和信贷融资支持、实施差别化电价政策、实行差别化环保管理政策、加强技术支持五项政策措施。

2021 年 4 月，工业和信息化部印发的《钢铁行业产能置换实施办法》提出，大幅提高钢铁置换比例，扩大大气污染防治重点区域，明确置换范围，严守不新增产能红线。

2021年4月，财政部、税务总局发布《关于取消部分钢铁产品出口退税的公告》，宣布取消部分钢铁产品出口退税。国务院关税税则委员会发布公告，调整包括生铁和还原铁、钢坯钢锭、再生钢铁原料和铬铁等四大类钢铁产品进口关税为零。这些政策将有利于进一步转变增长方式，推动绿色发展和高质量发展。

碳排放交易权政策

2011年10月，国家发展改革委颁布了《关于开展碳排放权交易试点工作的通知》，以地方试点的方式，开启了我国建立碳排放机制的第一步。2013年6月，全国首个碳排放权交易平台在深圳启动，随后深圳、上海、广东、天津、湖北、重庆先后启动碳排放权交易，形成了全国七大碳排放交易试点。2016年1月，国家发展改革委发布了《关于切实做好全国碳排放权交易市场启动重点工作的通知》，明确提出确保2017年启动全国碳排放权交易，实施碳排放权交易制度。同年，福建碳市场启动，碳排放权交易试点地区扩展至8个。数据显示，截至2020年11月，各试点碳市场累计配额成交量约为4.3亿吨二氧化碳当量，累计成交额近100亿元。

由于各试点碳市场规则不统一、政府干预程度不一、碳配额价格差异较大等因素，建立全国统一的碳交易市场迫在眉睫。

2017年12月，国家发展改革委出台《全国碳排放权交易市场建设方案（发电行业）》，标志着全国统一的碳排放交易体系正式启动。2020年12月，生态环境部通过了《碳排放权交易管理办法（试行）》，提出生态环境部将按照国家有关规定建设全国碳排放权交易市场，组织建立全国碳排放权注册登记机构和全国碳排放权交易机构，组织建设全国碳排放权注册登记系统和全国碳排放权交易系统。2021年2月，生态环境部正式施行了《碳排放权交易管理办法（试行）》，从国家层面对全国碳交易市场的建设做出明确规定。建设全国碳排放权交易市场是大势所趋，而眼下我国碳排放权政策体系在“碳达峰、碳中和”背景下的重构也正处于关键节点。

目前，我国碳排放权交易的法律体系尚未成熟、完善。近日，《国务院2021年度立法工作计划》明确将制定《碳排放权交易管理暂行条例》，这将成为一段时间内我国碳排放权交易领域位阶最高的法律规范，标志着碳排放权交易已经进入上位立法阶段。随着我国碳交易市场基本路径、管理思路、管理方式扎实推进、稳步发展，碳排放权交易立法工作将会得到进一步更新完善。

其他领域

2021年3月，国家发展改革委等十部门联合印发《关于

“十四五”大宗固体废弃物综合利用的指导意见》，提出要坚定不移地贯彻新发展理念，以全面提高资源利用效率为目标，以推动资源综合利用、产业绿色发展为核心，加强系统治理，创新利用模式，实施专项行动，促进大宗“固废”实现绿色、高效、高质、高值、规模化利用，提高大宗“固废”综合利用水平，助力生态文明建设，为经济社会高质量发展提供有力支撑。2021 年 5 月，国家发展改革委办公厅印发《关于开展大宗固体废弃物综合利用示范的通知》，提出到 2025 年，建设 50 个大宗“固废”综合利用示范基地，培育 50 家综合利用骨干企业，实施示范引领行动，形成较强的创新引领、产业带动和降碳示范效应，进而实现产业布局集聚化、利用方式低碳化、技术装备先进化、模式机制创新化、运营管理规范化。

第七章

碳排放权交易

碳排放权交易可使碳排放权在国际和国内市场发生流动和交换，带来巨大的经济效益，推动企业优化生产结构，增大减排力度。经过 10 多年的发展，世界碳排放权交易建立了相对适用的体系。对于我国而言，不断完善碳排放权交易体系，不断完善碳排放监测、报告与核查，对于实现碳达峰、碳中和有重大意义。

碳排放交易的发展

碳排放交易

碳排放交易是为了促进全球温室气体减排，减少全球二氧化碳排放所采用的市场机制。它是运用市场经济来促进环境保护的重要机制，允许企业在碳排放交易规定的排放总量不突破的前提下，可用减少的碳排放量，使用或交易企业内部及国内外的能源。1997 年，《京都议定书》首次提出把市场机制作为解决温室气体减排问题的新路径，即将二氧化碳排放权作为一种商品，从而形成二氧化碳排放权的交易，简称碳交易。

碳交易可以分为两类，碳配额和碳减排，其中碳配额是强制实施，碳减排是自愿执行。碳配额交易是由主管部门向纳入试产的企业发放配额，当企业实际排放量超过配额时，需要向有配额富余的企业购买，而配额富余的企业则可以将多余的配额出售。碳减排即 CCER 交易，是指符合规定的减排项目可以申请签发国家核证资源减排量，用于出售获得额外收益，即自愿减排。

碳交易业务流程主要包括：第一，企业进行碳排放数据申报，重点排放单位参照排放报告核查指南报送年度碳排放报告；第二，第三方核查，重点排放单位委托认证的第三方核查机构对年度排放报告进行核查；第三，配额分配，政府主管部门依据重点排放单位碳排放报告及核查报告，按照配额核定方法进行配额分配；第四，买卖交易，重点排放单位在获得配额后通过碳交易平台进行配额交易；第五，履约清算，重点排放单位在规定时间上缴其经核查的与上年度排放总量相等的配额量，用于抵消上年度碳排放量。

2002 年，荷兰和世界银行率先开展碳排放权交易。2005 年 1 月，欧盟碳排放交易系统开始运行，包括所有成员国以及挪威、冰岛和列支敦士登，覆盖了该区域约 45% 的温室气体排放，涉及超过 1.1 万家高耗能企业及航空运营商。按照“总量交易”原则，欧盟统一制定配额，各国为本国设置排放上限，确定纳入排放交易体系中的产业和企业，向其分配一定数量的排放许可权。如果企业的实际排放量小于配额，可以将剩余配额出售；反之则需要在交易市场上购买。[①]2019 年，欧盟碳排放交易系统覆盖的排放量较上一年下降 9.1%，是 10 年来最大

---

① 方莹馨，张梦旭，张悦等．全球碳排放权交易市场建设不断加快 [N]．人民日报，2021-04-23．

降幅；同年，欧盟拍卖的配额量同比减少 36%，收入增加 4.47 亿欧元，成为支持应对气候变化投融资的重要来源。欧盟排放交易计划是世界第一个，也是迄今为止规模最大的用于减少温室气体排放的“安装级‘总量控制与交易’”系统。①

碳排放权交易和碳税是碳定价的两种形式，碳定价对碳达峰和碳中和有着重要作用。世界银行的统计分析表明，截至 2020 年，全球共有 61 项已实施或者正在规划中的碳定价机制，包括 31 个碳排放交易体系和 30 个碳税计划；覆盖 46 个国家和 32 个次国家级司法管辖区，涉及 120 亿吨二氧化碳，约占全球温室气体排放量的 22%。要通过不断完善碳定价机制和市场体系，用市场力量调整高碳产业结构，使我国的产业结构更趋低碳化。

我国碳排放交易的发展

根据 2015 年 12 月通过的《巴黎协定》，缔约方将以“自主贡献”的方式参与全球应对气候变化行动。我国提出了多项自主贡献目标：2030 年二氧化碳排放到达峰值，并争取提早达到峰值；相比 2005 年，单位国内生产总值二氧化碳排放下降 60%；非化石能源占一次能源消费比重达到 20%；森林蓄积量

① ESGzh. 欧盟排放交易体系：一种减少温室气体排放的手段 [EB/OL]. http://www.esgzh.com/ETS/107.html，2020-03-14.

比 2005 年增加 45 亿立方米。

作为碳排放大国，我国在积极履行签署的关于碳减排国际公约的同时，加紧构建了国内的碳排放政策体系，2011 年国家发展改革委印发的《关于开展碳排放权交易试点工作的通知》，批准了 7 个省市开展碳排放权交易试点工作。截至 2016 年，又先后出台了《"十二五"控制温室气体排放工作方案》《碳排放权交易管理暂行办法》《关于切实做好全国碳排放权交易市场启动重点工作的通知》《"十三五"控制温室气体排放工作方案》等法规条文，这些法规条文成为我国碳交易市场发展的法制基石。[①] 2017 年 12 月，国家发展改革委印发《全国碳排放权交易市场建设方案（发电行业）》，标志着全国碳排放权市场的正式启动。2020 年 11 月，生态环境部下发《全国碳排放权交易管理办法（试行）》（征求意见稿），表明全国碳排放权交易市场建设进一步加速。

我国的碳排放权交易实践工作也在逐步推进。2008 年，北京、上海、天津环境交易所成立。2011 年 10 月，我国碳市场试点工作正式启动，北京、天津、上海、重庆、湖北、广东、深圳开展碳排放权交易试点工作。2012 年，我国碳交易政策框架建立，同时北京环境交易所推出了我国首个自愿减排标准，并发布了石化行业、有色金属、化工等行业的节减排方式方法

---

① 李景良，付微．我国碳排放交易的发展历程 [EB/OL]．http://esgzh.com/index.php/EST/751.html，2020-05-17．

及政策。2013 年 6 月，深圳碳排放交易所正式开市，随后试点碳市场陆续启动；2014 年 6 月，重庆碳市场开市。至此，我国试点碳市场全部启动，建立碳市场的第一阶段任务完成。2015 年我国提出预计在 2017 年启动全国碳市场。2014—2016 年，我国政府相继做了建成碳交易注册登记系统、出台配套行政法规等大量工作，相关部门也出台了配套细则和技术标准，审查企业历史温室气体的排放数据，初步建立了相关法律法规。[①] 据统计，自 2013 年深圳碳排放市场率先正式启动以来至 2016 年底，7 个试点的碳排放交易覆盖了热力、电力、石化、钢铁、水泥、制造业及大型公建等行业，碳排放交易数量累计高达 1.6 亿吨，交易总值高达 25 亿元人民币。[②] 第二阶段的任务是 2017 年 12 月启动全国碳排放交易，同时国家发展改革委就贯彻落实《全国碳排放权交易市场建设方案（发电行业）》进行部署。全国统一市场建设就此拉开帷幕，实施碳排放交易制度成功完成。[③] 2018 年，四川和福建碳排放交易市场亦完成开市，9 个区域市场已开展交易。

为履行《巴黎协定》的承诺，我国主要从两个方面采取措

---

① 何柯吟，黄辉．我国碳排放权交易的研究进展 [J]．中国农业会计，2020（7）：80-81.

② 李景良，付微．我国碳排放交易的发展历程 [EB/OL]．http://esgzh.com/index.php/EST/751.html，2020-05-17.

③ 顾阳．用市场机制推动绿色低碳发展　全国碳排放交易体系正式启动 [N]．经济日报，2017-12-20.

施来控制碳排放：一是从增量方面加以抑制，通过大力发展绿色能源，提高清洁能源及非化石能源的比例，从而抑制碳排放的增长；二是从存量方面加以控制，积极推进碳市场建设完善，通过碳交易市场化机制促进全社会减排目标早日实现。正是通过这些举措的实施，中国2019年碳排放强度比2005年降低了48.1%，提前实现了最初制定的2020年碳排放强度下降40%~45%的目标。

我国的碳交易涉及行业主要以发电行业为主，2019年发电行业二氧化碳排放量占全国碳排放的46%，因此我国以发电行业为突破口，率先启动全国碳排放交易体系，逐步扩大参与碳市场的行业范围，增加交易品种，不断完善碳市场。而在实际执行中，各试点区域根据自身实际情况，继发电行业之后，分批次分阶段将石化、化工、建材、钢铁、有色、造纸、航空几大行业逐步纳入碳市场。

2020年11月发布的《全国碳排放权交易管理办法（试行）》（征求意见稿）和《全国碳排放权登记交易结算管理办法（试行）》（征求意见稿）要求，一旦新版管理办法确定实施，参与全国碳排放权交易市场的重点排放单位，不重复参与相关省（市）碳排放权交易试点市场的排放配额分配和清缴等活动。2021年1月，生态环境部公布了《碳排放权交易管理办法（试行）》，并印发配套的配额分配方案和重点排放单位名单。我国碳市场发电行业第一个履约周期正式启动，2225家发电企业将分到碳排放配额。2020年下半年到2021年初出台的一系列政策，为全球最大碳市场的启动铺平了道路，中国碳市场的发展取得了令人瞩目的成绩。

截至2021年6月，碳市场累计配额成交量为4.8亿吨二氧化碳当量，成交额约为114亿元。全国碳排放权交易市场已经建立，交易于7月16日启动，碳配额开盘价为48元/吨，首笔成交价为52.78元/吨，第一个履约周期从2021年1月1日至12月31日，纳入发电行业重点排放单位2162家，覆盖约45亿吨二氧化碳排放量，中国碳市场成为全球规模最大的碳市场。

碳排放权交易体系

碳排放交易权体系

目前世界许多国家已经建立起了自身的碳排放交易体系，但是这些交易体系内部存在差别，并没有一个统一的体系能够在全球范围内实施。碳排放交易体系可以分为两种：一种是基于配额的碳排放交易体系，另一种是基于项目的碳排放交易体系。[①] 基于配额的碳排放交易体系采用总量管制与交易的方法，由管理者制定并分配碳排放配额，又可细分为强制性碳交易制度和自愿性碳交易制度；基于项目的碳排放权交易体系可细分为联合实施项目（即一国可以从其在另一国的投资项目产生的减排量获取减排信用）和清洁发展机制（指发达国家投资者可以通过在无减排义务的发展中国家实施技术改造活动，进而获

① 张妍，李玥．国际碳排放权交易体系研究及对中国的启示 [J]．生态经济，2018（2）：66-70.

取“经核证的减排量”)。[①]

目前世界范围内正在运行的碳排放交易体系共21个，覆盖了全球碳排放总量的10%。近年来，全球碳市场建设不断加快，从配额限制到配额出售的市场运作，从出台法规到执法检查的监督管理，市场交易机制日渐完善。

国外碳排放权交易体系

欧盟碳排放权交易体系

欧盟碳排放权交易体系是世界上第一个也是最大的跨国二氧化碳交易项目，涵盖欧盟成员国半数以上的二氧化碳排放量，是目前全球最成熟、交易规模最大的市场，也是全球范围内涉及排放规模最大、流动性最好、影响力最强的温室气体减排机制。

欧盟成员国需要制订详细的分配计划上报欧盟委员会审查，分配计划中需要列出本国涵盖的目标企业名单以及本国的减排目标，然后排放量配额会被分配给各个部门和各个企业。[②]欧盟碳排放权交易体系的实施可分为以下几个阶段：一是试运行

① 苏蕾，曹玉昆，陈锐．国际碳排放交易体系现状及发展趋势[J]．生态经济，2012（11）：51-53．

② 彭峰，邵诗洋．欧盟碳排放交易制度：最新动向及对中国之镜鉴[J]．中国地质大学学报社会科学版，2012（5）：41-47．

阶段（2005—2007年），针对的目标主要为能源生产和能源使用密集行业，包括能源供应、石油提炼、钢铁、建筑材料和造纸行业，大部分的排放量配额被免费分配给排放企业，未使用的并不能累积到下一个阶段；二是实现《京都议定书》承诺的关键时期（2008—2012年），这一阶段其范围除了欧盟27个成员国，还覆盖了冰岛、挪威和列支敦士登，重点管制行业除了能源密集型行业以外，也包括航空业，排放量配额仍然以免费分配为主，但是配额数量比上期降了6.5%；三是2013—2020年，此阶段拍卖成为默认的发放形式，仅在工业领域有免费配额，且免费配额占比最高不超过43%；2021年起为第四阶段，欧盟碳排放交易体系覆盖范围从电力热力部门等能源密集型产业，扩展到航空业，未来可能继续扩展到建筑业、交通运输业，温室气体种类从单一的二氧化碳排放，扩展到一氧化二氮、全氟化碳，碳排放配额分配机制也逐渐从免费发放向拍卖过渡。高屋建瓴的顶层设计和严密的分层计划保证了这一制度能够在欧盟成员国落地实施，其交易机制灵活，允许多种交易方法和多个交易市场并存，增强了市场流动性。[①]

2020年，欧洲碳排放量约为13亿吨，交易量达80亿吨，全球碳市场交易总额约为2290亿欧元，欧洲市场约占90%，

① 嵇欣．国外碳排放交易体系的价格控制及其借鉴[J]．社会科学，2013（12）：48-54；张妍，李玥．国际碳排放权交易体系研究及对中国的启示[J]．生态经济，2018（2）：66-70.

涉及电力、工业以及航空部门的 11000 多个排放设施。

欧盟交易体系核心机制是总量控制和交易，区分行业和阶段、调整免费配额与有偿配额占比，现货、期货、远期等多种排放权交易形式并存，发展至今已较为成熟和完善。

美国碳排放权交易体系

美国的碳排放与欧盟的迥然不同，没有全国统一的碳排放交易体系，只有区域性的减排计划。这其中影响力较大的是区域温室气体行动、西部倡议和加州总量控制与交易体系。[①]

区域温室气体行动是美国第一个以市场为基础的强制减排体系，于 2009 年 1 月 1 日正式实施，涵盖美国 7 个州，针对的仅是电力行业，目标是 2018 年区域内电力行业的排放量比 2005 年降低 10%。在具体运作方面，每个州先根据自身在此项目内的减排份额获取相应的配额，然后以拍卖的形式将配额下放给州内的减排企业。这些拍卖所得 60% 以上将用于改进能效，还有 10% 将用于清洁能源技术的开发和利用。它有一套非常严格的监督与报告机制，各州需要选定一个独立的市场监管机构，负责监督企业的市场活动；企业要按照规定安装二氧化碳排放跟踪系统以记录相关数据，并在规定日期前以季度为期限向管制机构报告。

① 温岩，刘长松，罗勇．美国碳排放权交易体系评析 [J]．气候变化研究进展，2013（2）：144-149.

2007 年发起的西部倡议，是个跨国的区域行动计划，参与对象涵盖加拿大 4 个省份和美国的加利福尼亚州。其目标为 2020 年该区域的温室气体排放量与 2005 年相比下降 15%。在具体实施方面，它以 3 年作为一个履约期，初期针对的行业只包括电力行业和能源密集型行业，以后将逐步把居民、商业和其他工业纳入考虑范围之中。

加州总量控制与交易体系是西部倡议的重要组成部分，始于 2012 年，涵盖炼油、发电、燃料运输等行业。2021 年 1 月，美国加州碳市场立法修正案正式生效，内容包括调整配额价格控制机制以及在 2030 年之前更大幅度地降低排放总量等。

美国的碳排放交易体系带有鲜明的特征：并无全境统一的交易系统，各区域自行选择合适的减排计划。区域性的交易体系自由度较大，各州可以根据自身实际自主选择，然而这种交易方式难逃各自为政的局面，交易量无法与欧盟相提并论，并且交易区之间也存在兼容性等问题。

2020 年美国汽车企业特斯拉出售碳排放积分，获得了 15.8 亿美元的营业收入，预计 2021 年特斯拉的碳排放交易收入有望达到 20 亿美元，这得益于美国加州的碳市场建设。加州的碳市场目前已覆盖该州 85% 的温室气体排放。①

---

① 方莹馨，张梦旭，张悦，龚鸣 . 全球碳排放权交易市场建设不断加快 [N]. 人民日报，2021-04-23.

韩国碳排放权交易体系

2010 年 1 月，韩国政府向联合国递交了减排目标，要在 2020 年实现温室气体排放量比基准排放量减少 30%。2012 年 5 月，韩国国会正式通过碳排放权交易制度，拟定于 2015 年全面开放碳排放权交易市场。[①]

韩国的碳排放权交易方式从大类上分属于基于配额的交易制度，主要涵盖发电等 23 个产业 525 家公司。先后经历了 2015—2017 年所有碳排放配额全部免费分配阶段，2018—2020 年 97% 配额免费分配、3% 有偿分配阶段，以及免费分配的比例将下降到 90% 以下阶段。[②] 根据韩国《温室气体排放配额分配与交易法》，企业总排放高于每年 12.5 万吨二氧化碳当量，以及单一业务场所年温室气体排放量达到 2.5 万吨，都必须纳入该系统。根据韩国交易所数据，2020 年，韩国各种排放权交易产品总交易量超出 2000 万吨，同比增加 23.5%。2021 年，韩国温室气体排放权交易进入第三阶段，实施更加严格的排放上限，将有偿配额比例提高到 10%，覆盖的行业将继续扩大。韩国政府致力于引导企业自发减排，还引入第三方交易制度，增加金融企业和第三方机构参与。[③]

---

① 韩璐. 国际碳排放权交易制度研究 [D]. 上海：复旦大学，2012.

② 吴恒煜，胡根华. 国外碳排放交易问题研究评述 [J]. 资源科学，2013（9）：1828-1838.

③ 方莹馨，张梦旭，张悦等. 全球碳排放权交易市场建设不断加快 [N]. 人民日报，2021-04-23.

韩国的制度设计有其自身的特殊性：在推行主体方面，政策由政府主导实施，执行力有所保障；在金融创新方面，借鉴美国碳交易金融化的特点，组建了碳基金和碳金融公司；执行层的妥善考虑是韩国制度的一大亮点，韩国政府部门从多渠道宣传政策内容，帮助企业适应变化。在减排的同时，韩国注重环保的另一面，重点扶持绿色产业，将环保文章做到更深处。[①]

新西兰碳排放权交易体系

新西兰是亚太地区第一个启动碳排放权交易制度的国家。2008 年开始实施碳交易制度，开始时只针对林业，后来化石燃料业、能源业、加工业等行业也陆续进入交易体系，农业最后进入。早期新西兰 90% 以上的配额被免费发放给减排企业，随后免费配额的比例逐步降低。除了专注于国内市场，它还注重与其他交易体系的协调和衔接，允许本国企业在国际碳排放市场进行交易，允许使用国际碳信用额度。超过排放标准的企业可以通过碳排放交易制度购买交易的配额，也可以通过海外交易购买国际碳信用额度，有盈余的企业也可以在市场上出售自己未使用的配额而获利。新西兰建立了完善的交易制度，并设计了相应的配套措施。国内、国际双市场接轨，兼容多种交易

① 孙秋枫，张婷婷，李静雅．韩国碳排放交易制度的发展及对中国的启示 [J]．武汉大学学报哲学社会科学版，2016（2）：73-78.

方式，保证了市场的灵活性。①

中国碳排放权交易体系

中国碳排放权交易体系具有鲜明的特点。一是全国交易系统和试点地区交易所相结合。2013—2014 年全国已建成 7 个试点地区交易所，现如今正逐渐从试点地区走向全国性碳市场。2021 年 2 月起，全国碳排放权交易市场及其系统正式投入运行，从重点行业电力行业开始，与各试点地区的碳市场逐渐衔接。交易所虽有差异，但碳排放权交易均为场内交易行为，必须向地方生态环境主管部门进行信息报告，并接受其核查。配额交易也多采用公开竞价、协议转让等方式。此外，各个交易所对相关主体在一个履约周期内最多可使用的国家核证自愿减排量约定了比例上限。二是交易的主体是行业要求与排量要求相结合。目前只有满足两个条件（属于全国碳排放权交易市场覆盖行业且年度温室气体排放量达到 2.6 万吨二氧化碳温室气体当量）的排放单位，才可被列入国家温室气体重点排放单位名录，并由国家分配碳排放配额，参与交易。此外，符合国家有关交易规则的机构和个人，也可通过申请及审核，成为全国碳排放权交易市场的交易主体。三是交易标的采用的是排放配

① 陈洁民. 新西兰碳排放交易体系的特点及启示 [J]. 经济纵横，2013（1）：113-117.

额和自愿减排量相结合。排放配额由生态环境部制定碳排放配额总量和分配方案，并分配到各重点排放单位。分配也以免费的行政划拨为主，也可根据国家要求，适时引入有偿分配。自愿减排是中国境内的碳减排项目经政府批准备案后所产生的资源减排量，需要经过项目审定、注册、评审、检测、核查核证、签发等一系列复杂的流程，方可进入市场交易。目前，我国已备案的相关项目多为农村沼气利用、风力发电、太阳能光伏发电等清洁能源项目。①

2020 年 10 月，生态环境部公布“关于公开征求《全国碳排放权交易管理办法（试行）》（征求意见稿）和《全国碳排放权登记交易结算管理办法（试行）》（征求意见稿）意见的通知”，这是加快推动全国碳排放权交易市场建设的重要举措。一是明确了重点排放单位在全国碳排放权交易中的主体责权；二是在生态环境体系下衔接和融合温室气体管理手段和传统污染手段；三是明确了各级主管部门责任，强化了监督管理相关规定；四是细化了责任追究情形，多手段加大惩戒力度；五是鼓励通过市场机制促进减排。②

2021 年 5 月，生态环境部公布了《碳排放权登记管理规则

① 沈莉莉，童彤．中国碳排放权交易介绍及发展趋势前瞻 [EB/OL]．http://www.tanjiaoyi.com/article-33070-1.html，2021-03-04．

② 刘洪铭．全国碳排放权交易市场建设的五个新信号 [EB/OL]．https://huanbao.bjx.com.cn/news/20201103/1113614.shtml，2020-11-03．

（试行）》《碳排放权交易管理规则（试行）》《碳排放权结算管理规则（试行）》，进一步规范全国碳排放权登记、交易、结算活动。根据国内外试点省市碳市场建设经验，碳交易立法及有关配套制度文件的出台是碳市场有序运行的必要条件。碳排放权登记、交易和结算是全国碳市场运行的重要环节，但此前我国尚缺乏专门针对上述环节和全国碳市场监督管理的政策文件，亟待从制度层面对全国碳市场登记、交易、结算的基本要求和各方权责等做出明确规定。这次登记交易结算三大规则的出台终结了这一历史，表明全国碳市场建设进入了冲刺阶段。①

全国碳市场上线交易启动后，市场规模覆盖排放量或超40亿吨，将成为全球覆盖温室气体排放量规模最大的碳市场。根据2020年年底发布的《2019—2020年全国碳排放权交易配额总量设定与分配实施方案（发电行业）》，2225家进入重点排放单位名单的发电企业和自备电厂成为全国碳市场纳入的首批企业。目前，各省级生态环境主管部门已通过全国碳排放权注册登记系统基本完成配额预分配工作。②

全国碳交易市场启动运行后，由于不产生碳排放，水电、新能源电站等清洁能源可以通过售卖自愿减排量来获利。但是

---

① 登记交易结算三大规则出台，全国碳市场建设冲刺 [EB/OL]. https://finance.ifeng.com/c/86OF09wg3r9，2021-05-20.

② 刘诗萌. "碳中和"题材再迎利好！全国碳市场拟于6月底前上线交易，配额预分配已基本完成 [EB/OL]. https://www.in-en.com/finance/html/energy-2247195.shtml，2021-05-28.

交易额度有限制，最多只能占买家总耗煤量的 5%。这样的市场机制，使得碳排放成为企业发展规划不得不考虑的重要因素，从经济和市场两方面倒逼企业进行减排。同时全国碳交易市场的不断完善有利于推动我国“碳达峰、碳中和”进程，环境友好型企业和地方生态也将获得实实在在的好处。

中国的碳交易市场虽然已经初步建立，但是起步时间晚，经验相对不足。中国会根据本国国情，不断改革、完善碳排放权交易的相关规定，不断吸纳和借鉴国外的相关实践经验，不断发挥市场化资源配置的功效，加速相关控排行业实现碳达峰，以科技创新助推 2060 年碳中和目标实现。①

① 沈莉莉，童彤. 中国碳排放权交易介绍及发展趋势前瞻 [EB/OL]. http://www.tanjiaoyi.com/article-33070-1.html，2021-03-04.

碳排放监测、报告与核查

建立碳排放监测、报告与核查体系

碳排放监测、报告与核查（MRV）是生产设备层面、利用实验室等手段进行准确监测，确保符合抽样和分析要求，报告年排放总量，并由独立的、有资质的机构核查报告，且核查机构需要有国家认证部门认可的资质。[①]

建立完善有效的碳排放监测、报告与核查体系是开展碳排放权交易的基本前提，也是推进碳排放权交易市场建设运行的重要基础工作。作为构建碳市场环境的重要环节，碳排放监测、报告、核查体系是企业对内部碳排放水平和相关管理体系进行系统摸底盘查的重要依据。良好的碳排放监测、报告与核查体系可以为碳交易主管部门制定相关政策与法规提供数据支

① 李琛，范永斌．水泥工业碳排放监测、报告和核查体系研究（上）[J]．中国水泥，2016（9）：58-61．

撑，可以提高温室气体排放数据质量，为配额分配提供重要保障，同时有效支撑企业的碳资产管理。[①]2013—2014年，我国地方试点碳市场建设迅速开展，最重要的工作之一是制定了温室气体排放监测、报告和核查制度，为全国碳市场碳排放监测、报告与核查体系的建设打下坚实的技术基础，一个健全完善的碳排放监测、报告与核查体系对于碳市场的有效运行具有至关重要的意义。

碳排放监测、报告与核查体系的内容

有效的碳排放监测、报告与核查既需要活跃的参与主体，也需要合理透明的组织结构。其中参与者主要包括政府主管部门、企业及第三方机构。这三类主体在相关法律法规、指南和标准的指引下，按照一定的流程和规范，各司其职并有序合作，是碳排放监测、报告与核查体系得以运转的基础。

一个成熟完善的碳排放监测、报告与核查体系，通常包括以下内容：一是常态化、制度化的工作流程。作为碳排放监测、报告与核查运行的基础，常态化、制度化的工作流程是参与主体都需要计划和准备好这项工作的资金及人力支撑。二是统一的数据填报与核查系统等硬件设施对碳排放监测、报告与核查

① 李路路，张斌亮，李魏宏．中国碳排放权交易市场建设要素与展望 [J]．世界环境，2019（1）：25-27.

体系运行至关重要。建设统一的电子报送数据平台，实现数据的在线填报与核查，可以大大提高碳排放监测、报告与核查体系运行效率。三是人才保障。人才是碳市场长期稳定发展的重要保证，无论主管部门、企业，还是第三方机构，涉及这项工作的技术人员都需要熟悉掌握相关工作流程、要求以及技术规范，相关主体需要对这些工作人员开展必要的培训。四是技术标准。需要制定重点行业温室气体排放核算与报告指南、第三方核查指南以及监测计划模板，明确数据监测、报告与核查的详细、具体的技术要求，统一度量衡，做到“一吨碳就是一吨碳”，数据可追溯、可信赖、可比较。五是完善的法律法规保障。目前我国尚未形成一套完整的碳市场法律制度框架，需要推动出台《碳排放权交易管理条例》，建立碳排放监测、报告与核查制度，同时制定发布《企业碳排放报告管理办法》《第三方核查机构管理办法》等配套细则，进一步规范报告与核查的工作流程、要求相关方责任以及对第三方机构的管理。

我国碳排放监测、报告与核查体系发展现状

2017 年 12 月，我国宣布启动全国碳排放权交易体系，同时国家发展改革委共发布了 3 批共 24 个重点行业温室气体核算方法与报告指南。虽然这 24 个企业归属不同的行业，但具有一定共性，主要体现于每个重点行业的核算方法与报告指南

均包含了适用范围、引用文件与参考文献、术语与定义、核算边界、核算方法、质量保证与文件存档、报告内容与格式规范7个部分的内容。核算指南的发布，规范了企业与核查机构碳排放数据核算，确保了碳市场基础数据的准确性。2019年，我国大部分省份已组织开展完成了2016—2017年度碳排放报告与核查工作。[①]

2021年3月，生态环境部发布了《关于加强企业温室气体排放报告管理相关工作的通知》，要求开展2020年核查和2019—2020年度配额清缴。该通知既加入了配额分配和清缴的内容，指导碳市场交易履约的具体工作，也修订了碳市场覆盖范围、电力行业核算方法等技术要求。具体包括：电网退出，钢铁化工扩大；发电行业以设施为层级开展核算；完善数据获取要求，保障数据质量；规范报告流程、格式和方法；信息公开，数据更加透明；融合排污许可管理要求。[②]这标志着全国碳市场诸多细节的进一步明确，也为企业碳排放、监测、报告和核算指明了方向。

目前我国碳排放监测、报告与核查体系建设主要借鉴了欧盟、美国加州及国内试点碳市场的做法经验。虽在具体规则和

---

① 李路路，张斌亮，李魏宏．中国碳排放权交易市场建设要素与展望 [J]．世界环境，2019（1）：25-27.

② 朱文慧，金雅宁．全国碳市场 2021 时间表出炉，多项技术要求出现变化 [EB/OL]．http://www.tanjiaoyi.com/article-33229-1.html，2021-04-01.

标准方面有所差异，但在大的思路和操作流程方面基本大同小异。受限于国家层面相关法律法规的缺失，在试点碳市场，地方政府无法出台法规明确第三方机构的资质要求并对第三方机构开展资质认证与管理，这在一定程度上导致第三方核查机构能力参差不齐。

随着我国碳市场碳排放监测、报告与核查体系建设的不断推进，仍存在许多问题亟待解决，主要包括法律和制度支撑薄弱、相关技术指南和标准仍不完善、第三方核查机构能力参差不齐以及能力建设有待进一步加强。①

一是法律、制度支撑薄弱。中国碳市场碳排放监测、报告与核查体系，需要通过法律、法规和技术标准的形式，建立完备的碳排放数据监测、报告与核查制度，把相关工作的工作流程、技术要求、参与方的权责等制度化。执行主体从国家和地方主管部门到企业，再到第三方机构，都需要以制度的形式固化这项常规化的工作。目前，对于重点排放单位历史碳排放数据的报送、核算与核查工作并没有完全制度化。由于未形成惯例或制度，地方和企业对国家推进相关工作缺乏明确的预期，导致准备不足或工作步调与国家不一致，在实践中给地方和企业开展工作带来不少挑战。在技术层面，由于缺乏法律制度以及技术标准的支撑，很多数据的采集只能依托现行的统计法及

① 李路路，张斌亮，李魏宏. 中国碳排放权交易市场建设要素与展望 [J]. 世界环境，2019（1）：25-27.

企业传统的数据收集体系开展工作，而碳市场的运行需要更加细化到设施、工序、产品层面的数据。

二是相关技术指南、标准仍不完善。碳排放监测、报告与核查体系的核心目标是获取企业真实、可信、可量化、可追溯、可核查的碳排放数据。在数据的核算、报告与核查方面，必须基于统一的标准，才能确保市场公信力。首先，我国碳市场碳排放监测、报告与核查体系相关的指南和技术标准仍未形成完整体系。目前已经完成了 24 个行业碳排放核算与报告指南。针对第三方机构核查和数据的监测等，仍需进一步制定相关技术指南和标准加以规范。其次，已经制定的指南和标准及国家发展改革委发布临时适用的指南和模板，由于化工、石化、钢铁等许多行业情况复杂，涉及的产品多，工序复杂，在实际运用中已发现这些指南和标准存在不合理、不完善的地方。随着碳市场配额分配方案的制订发布，对数据报告与核查指南、标准和监测计划将提出修改要求。再次，针对同一个指南和标准，行业内不同的企业、不同行业的企业之间、不同地区的企业之间，在实践中也有可能存在解读的偏差和数据处理的不一致，需要采取有效措施防止指南和标准在执行中出现偏差。

三是第三方核查机构能力参差不齐。国家碳市场建设初期，有经验的核查机构和核查人员的数量并不充足。尽管生态环境部下发文件公布了核查机构遴选的参考条件，但在实践中，各地为确保按时完成工作，不得不自行确定条件并采用招标形式开展核查机构的遴选。有的机构为占有市场，不惜采用低价竞争策略，以低于成本的价格中标，导致各地选定的核查机构水平参差不齐。在第三方核查质量控制方面，对核查机构仍缺乏有效的监督管理，虽然部分地区组织复核或专家评审，但缺少对核查机构的有效考核，对于在核查中存在质量问题的机构也没有到位的惩处机制，核查质量的控制缺乏机制化的保障。因此，需要加强对第三方核查机构的规范化管理。

四是能力建设有待进一步加强。碳排放监测、报送与核查工作涉及很多细致、具体的技术要求，这就要求核查员不仅要熟悉行业背景、工序和技术，也要熟练掌握碳排放监测、报告与核查体系的规则、指南与相关标准；同时企业工作人员也需要熟悉数据监测、核算与报告的要求。这就需要既对从业人员开展注重实用性的技能培训，也要让从业人员能得到在实践中不断学习、提升的机会。

做好碳排放监测、报告与核查①

注重碳排放监测、报告、核查体系的顶层设计

控制碳排放需要在国家层面建立碳排放监测、报告、核查的管理和监督体系，完善的组织体系和成熟的制度安排有利于

① 李琛，范永斌．水泥工业碳排放监测、报告和核查体系研究（上）[J]．中国水泥，2016（9）：58-61.

推进碳减排工作，也是顶层设计的最终目的。

因此，首先要从立法上构建完整的碳排放监测、报告和核查的监管体系，形成多层次的碳交易市场监管机制。建立严格的惩罚机制，对不按照规范进行碳排放监测、不按标准格式进行报告和不配合监管机构核查、未减排达标的企业，坚决予以处罚，杜绝排放单位、核查机构以及人员的违规行为。其次要明确主管、监管部门。我国目前碳排放交易试点省市均由当地发展改革委作为碳交易主管部门，如果引入第三方协同监管机构就可以保证专业性，那么需要从源头上保证企业排放量监测的准确性、报告的合法性和核查的公平性。行业协会是连接企业和政府的桥梁，熟悉产品生产和工艺特点，有收集、识别企业碳排放数据的专业基础，其特殊地位便于对企业排放活动进行检查，能够协助监管部门从碳排放的监测、报告和核查各个阶段对企业进行标准化管理和结果验证。要引入具有资质的、独立的第三方核证机构，提供验证、公示、宣传和协调等工作，协同生态环境部共同对企业碳排放监测、报告及核查等进行监督，确保核查过程的一致性、准确性和可重复性。

建立双重控制碳排放总量与单位强度

总量控制手段作为碳减排的一项重要措施，在国际层面应对气候变化的法律规则中占据重要地位。总量控制有绝对量控制和相对量控制，我国至今没有公开承诺过碳减排总量绝对值，仅有单位GDP碳排放强度减排率的目标。我国各省市的具体情况和减排目标存在差异，仅在国家层面对碳减排总量进行控制是不够的，在国家、省市和行业都需要设定减排控制目标。结合经济结构、能源消费总量控制目标、碳强度减排目标等参数，设定能够反映企业实际工业排放、兼顾企业发展以及有效控制行业碳排放的目标。

明确碳排放监测、报告和核查的边界

我国碳排放规则与国际碳排放规则的较大差异在于，我国碳排放监测、报告、核查机制与碳排放权交易制度基本是基于企业层面的，而不是基于设施层面，因此需要在法规上明确相关企业监测计量、报告和核查二氧化碳排放的边界。

完善行业碳排放核查技术、建立集成系统

原料替代、燃料替代和协同处置废物等过程，是核查技术的难点。核查阶段需要保证数据的准确性、全面性和一致性，因此如何有效准确识别影响相关企业碳排放的关键参数，并进行数据验证，成为核查技术的主要内容。目前，我国对相关企业碳排放数据的核查技术还缺少较为完善的方法，缺乏适用于相关行业的、统一认可的核查方法以及核查软件。建立一种全国性、可操作性强的企业碳排放在线监测、报告与核查集成系统，便于相关企业自行填报碳排放数据，并根据实时反馈排放

数据开展碳减排工作，可以帮助企业和监管部门精确确定二氧化碳排放量和排放强度，测算及预测某个区域的碳排放总量，并依据关键参数对监测结果进行核查，具有数据验证和预测的功能，通过对企业的多个监测数据和报告内容，根据统计学原理进行抽样调查，保证碳排放核查阶段的数据真实可靠。

第八章

碳达峰、碳中和技术

人类在各个发展阶段上能利用的可再生资源和不可再生资源毕竟是有限的，这就需要依靠科学技术不断地开发出足够的替代资源，以支撑人类文明发展的大厦。在既定的碳达峰、碳中和目标愿景下，必须以技术创新之路实现碳达峰、碳中和。我们在加快经济绿色转型、大力发展低碳产业、推进资源节约集约循环利用、发展共享经济、扩大碳汇潜力、推进绿色低碳循环发展的过程中，要全面围绕低碳技术创新这一中心不动摇，在普及推广“适用性”低碳技术的同时寻求突破“颠覆性”低碳技术。

清洁煤技术

清洁煤技术应用范围

清洁煤炭技术主要包括煤炭加工、清洁煤气化、煤炭转化以及污染控制与废弃物处理等。[①]

煤炭加工是指在燃烧前对煤炭进行前端处理（包括洗煤、型煤、配煤、水煤浆），对可能的排放污染物进行有效控制。目前主要的清洁燃煤技术是循环流化床锅炉加工技术，它通过一系列的燃煤净化、分离，达到提高煤炭资源利用率和降低污染的目的。

清洁煤气化是以煤或煤焦为原料，以氧气等为气化剂，在高温条件下通过化学反应将煤或煤焦中的可燃成分转化为气体燃料的过程。煤气化技术主要有固定床气化炉、流化床气化炉

① 陈宏刚，李凡. 中国洁净煤技术的研究与开发 [J]. 煤炭转化，1997（3）：1-7.

与流床气化炉 3 种。

煤炭转化主要包括煤炭气化和煤炭直接液化，其中煤炭气化是将煤炭形态转化，有利于运输与提高燃烧效率，提高了资源利用率，也包含地下气化。

污染控制与废弃物处理是指在煤炭燃烧后对生成的污染物进行处理与净化。

此外，煤炭的资源化利用也日益兴起，主要包括煤矸石综合利用、矿井水与煤泥水的净化和利用、煤层气的开发利用等。

清洁煤技术分类

煤炭的清洁高效利用离不开清洁煤技术。清洁煤技术从技术工艺上划分，主要分为直接燃煤洁净技术和煤转化为洁净燃料技术。①

直接燃煤洁净技术主要包括燃烧前净化加工技术、燃烧中净化技术和燃烧后净化处理技术。其中燃烧前净化加工技术主要包括选煤、型煤加工及水煤浆技术，其中以选煤为主。与其他方式相比，选煤是清洁煤技术的前提，能够以较低的成本最大程度地除去煤炭中大部分的矸石、灰分，部分硫分和其他有害杂质，从而减少燃煤对大气的污染。燃烧中净化技术主要包

① 李慧．如何利用洁净煤技术解决环境污染问题 [N]．中能智库，2017-06-14．

括流化床技术和先进燃烧器技术。流化床技术具有燃烧温度低、燃烧效率高、燃料使用范围广、脱硫效率高以及有效控制氮氧化物排放等优点。先进燃烧器技术能有效减少二氧化硫和氮氧化物的排放。燃烧后净化处理技术主要包括消烟除尘和脱硫脱氮技术。在消烟除尘方面，电厂一般都采用静电除尘；而脱硫分干法和湿法，脱硫效率都可达 90%。干法脱硫是用浆状石灰喷雾与烟气中二氧化硫反应，生成干燥颗粒硫酸钙，用集尘器收集；湿法是用石灰水淋洗烟尘，最后生成浆状亚硫酸排放。

煤转化为洁净燃料技术主要包括煤气化技术、煤液化技术、煤气化联合循环发电和燃煤磁流体发电技术。其中整体煤气化联合循环发电系统发电技术在洁净煤发电领域中被普遍认为是最具竞争力和发展前景的燃煤发电技术之一。[①] 随着科技进步和国内外能源形势的转变，洁净煤技术已经将重点更多地放在煤转化为洁净燃料技术上。

目前阶段煤转化为洁净燃料技术主要是指煤气化、煤液化和煤气化联合循环发电技术，我国在这些方面均取得了较大的技术进步和优秀的技术成果，其中煤液化技术取得的成果尤为卓著。

---

① 王国房．焦化洗煤制备高效水煤浆添加剂研究 [J]．煤炭技术，2016（1）：30-33．

我国清洁煤技术的现状和发展

目前，我国已建成全球最大的清洁高效煤电供应体系，燃煤发电机组大气污染物的超低排放标准高于世界主要发达国家和地区，燃煤发电已不再是我国大气污染物的主要来源，我国的煤炭产业及技术总体水平处于世界领先水平。

随着技术的进步，我国清洁煤技术取得了一系列创新突破成果。我国在煤直接、间接液化等成套关键技术上具有自主知识产权，工业示范工程也已实现安全、稳定、长期满负荷运行；开发了多种具有自主知识产权的高效低成本煤气化技术，彻底摆脱了大型煤气化技术对国外进口的依赖；研发建设了世界首套百万吨级煤直接液化商业装置，并实现长周期稳定运行；开发了 400 万吨 / 年煤间接液化成套技术，并实现商业化运行，目前煤制油年产能已达 921 万吨；建成了世界首套年产 60 万吨煤制烯烃工业化生产装置，首次实现由煤化工向石油化工原料的转换，目前年产能超过 1300 万吨。此外，我国在煤制乙二醇、煤制天然气等技术发展和产业应用方面，均取得了重大突破。①

要继续稳步推进以煤制油、煤制烯烃为代表的现代煤化工发展，加强技术创新，逐步推动煤化工产品高端化、高值

---

① 谢克昌．让煤炭利用清洁高效起来 [N]．人民日报，2020-09-22．

化，延伸产业链，提升价值链，持续推进废水近零排放、“固废”减量化和资源化利用。现代煤化工项目建设只有在规模条件下，技术经济效能和环保性能才能得到充分体现。因此，要积极推进煤化工产业大型化、园区化和基地化发展，结合资源禀赋，稳步有序推进大型现代煤化工基地建设。

二氧化碳捕集、利用与封存技术

二氧化碳捕集、利用与封存技术的兴起

碳捕集、利用与封存是中国低碳发展和应对气候变化的重要选择，碳捕集、利用与封存项目的商业化部署对于减少二氧化碳排放量和确保能源安全至关重要，对能源结构以化石能源为主的中国更具有特殊意义。

碳捕集、利用与封存技术是碳捕集与封存技术的发展，是在碳捕集与封存技术基础上把生产过程中排放的二氧化碳进行提纯，重新投入到生产过程中，对二氧化碳进行循环再利用。这在减少碳排放量、缓解温室效应的同时，将二氧化碳资源化，能产生经济效益。

2014 年，联合国政府间气候变化专门委员会的第五次评估报告指出，如果没有碳捕集、利用与封存，绝大多数气候模式都不能实现减排目标。更为关键的是没有碳捕集、利用与封存

技术，减排成本将会成倍增加，估计增幅将高达138%。2018年联合国政府间气候变化专门委员会的研究结果显示，几乎所有气候变暖的警告场景都需要碳捕集、利用与封存。

在能源低碳领域，我国对碳捕集、利用与封存发展极为重视，在一系列重大科技规划中，均将其列为重点支持、集中攻关和示范的重点技术领域，“发展二氧化碳捕集、利用与封存技术”被正式写入《国家“十三五”科学和技术发展规划》。

目前碳捕集、利用与封存技术在全球正大规模的推动。据统计，2020年全球共有65个商业设施（其中中国6个），其中26个正在运行，37个处于不同的开发阶段。初步预计，全球碳捕集、利用与封存的产业规模可达数万亿美元，其中2060年我国碳捕集、利用与封存技术的投资规模将达到3.5万亿元人民币。经过20年的发展，我国碳捕集、利用与封存目前已经有较好的基础，已经建成35个碳捕集、利用与封存示范项目，并积累了较好的技术和项目经验。[①]

二氧化碳捕集、利用与封存技术的环节

碳捕集、利用与封存是一项复杂的技术，包括二氧化碳的捕集、利用和封存3个环节。

---

① 孙杰．绿色新经济，“碳捕集”将迎万亿级产业风口[N]．北京日报，2021-04-11.

碳捕集

二氧化碳捕集技术分 3 种，主要有燃烧前捕集、富氧燃烧捕集和燃烧后捕集。

第一种是燃烧前捕集技术，就是在没有燃烧之前，先把二氧化碳进行分离，具体的方法是将化石燃料气化生成氢气和一氧化碳，一氧化碳转化为二氧化碳，氢气作为能源燃烧转化为水，二氧化碳则被分离捕集出来。[①] 这种技术的优点是采用控制的氧气把煤炭、天然气转换成合成器一氧化碳和氧气的混合物，能源损耗低；缺点是不能作为技术改造使用，只能在新建设施中使用，由于新建电厂受限制，会影响其使用。[②]

第二种是富氧燃烧捕集技术（又称为氧气 / 二氧化碳燃烧技术）。化石燃料在纯氧或富氧中燃烧，烟道气中以二氧化碳和水蒸气为主，然后将水蒸气冷凝，这样只剩下二氧化碳，最后将二氧化碳分离出来。[③] 其优点是没有氧化氮污染物产生，缺点是在新电厂中需要空气分流，前期投入大。目前这种技术因制氧成本太高而无法在实际应用中大规模使用，未来随着化工技术的发展，制氧成本会进一步降低，富氧燃烧捕集技术也

---

① 徐冬，张军，翟玉春等．变压吸附分离工业废气中二氧化碳的研究进展 [J]．化工进展，2010（1）：150-156.

② 张俊勇，孙有才．碳捕获与封存（CCS）发展前景 [J]．再生资源与循环经济，2013（12）：13-16.

③ 吴黎明，潘卫国，郭瑞堂等．富氧燃烧技术的研究进展及分析 [J]．锅炉技术，2011（1）：36-38.

会被广泛使用，目前该项技术大多数还处于研发阶段。

第三种是广为采用的燃烧后捕集技术，是化石燃料在空气中燃烧所产生的烟道气中直接将二氧化碳分离捕集[①]，应用最多的是发电厂，最常采用的捕集分离方法有化学吸收法、物理吸收法和膜分离等方法。该项技术的优点是适用范围广，系统原理简单，应用技术比较成熟；缺点是碳捕集的设备投资、运行成本较高，消耗较多的溶剂和燃料，脱碳、碳捕捉的过程中消耗的能量较大，也可能会产生更多的二氧化碳。[②]我国在国际上比较有名的典型的燃烧后捕集示范项目，主要有北京高碑店电厂（二氧化碳捕集能力 3 万吨 / 年）、上海石洞口电厂（二氧化碳捕集能力 3 万吨 / 年）和华润电力海丰碳捕集测试平台（二氧化碳捕集能力达到 2 万吨 / 年）。

碳运输

目前最成熟的碳运输技术主要有管道输送和罐装运输。将气态的二氧化碳压缩以提高密度，从而达到降低运输成本的目的，也可利用绝缘罐把液态二氧化碳装在罐车中运输。公路、铁路罐车是切实可行的方案，适合短途、小量运输；管道运输

① 陈锋，姚荣．二氧化碳捕获与封存技术 [J]．能源研究与信息，2011（4）：193-202．

② 潘一，梁景玉，吴芳芳等．二氧化碳捕捉与封存技术的研究与展望 [J]．当代化工，2012（10）：1072-1075．

是运输二氧化碳最常用的方法，运输量大，运输距离远，但一次性投资较大。运输成本主要取决于管道直径及其长度，由于碳捕集的成本较高，运输成本在整个成本中所占比例较低，因此，为获取其他收益或较低的捕集、封存成本，许多国家不惜远距离输送二氧化碳。[①]

碳利用

当前，要实现碳达峰、碳中和“30 · 60”目标，必须加快碳循环再利用技术创新，开发先进高效的碳捕集、利用与封存技术，发展完善合成高纯一氧化碳、烟丝膨化、化肥生产、超临界二氧化碳萃取、饮料添加剂、食品保鲜和储存、焊接保护气、灭火器、粉煤输送、合成可降解塑料、改善盐碱水质、培养海藻、油田驱油等技术，在此基础上发展生物质燃料或合成燃料技术、人工光合成技术、生物制造技术、甲烷化技术、吸碳建材技术等，以不断推动二氧化碳资源化利用。

碳封存

碳封存就是将捕集、压缩后的二氧化碳运输到指定地点进行长期封存。二氧化碳封存的方式主要有地质封存、海洋封存、

---

① 刘嘉，李永，刘德顺．碳封存技术的现状及在中国应用的研究意义 [J]．环境与可持续发展，2009（2）：33-35.

矿石碳化和生态封存等。其中地质封存是主流，海洋封存中的深海封存则最具应用潜力。[①]

地质封存包括强化采油（EOR）、天然气或石油层、盐沼池构造、提高煤气层（ECBM）等技术。其中强化采油技术已有成熟化的市场，天然气或石油层及盐沼池构造在一定条件下经济可行，而提高煤气层技术大多还处于示范阶段。目前，我国使用强化采油 / 提高煤气层技术的驱油驱煤层气工程主要围绕东北的松辽、华北渤海湾盆地、西北鄂尔多斯盆地等油气盆地展开，多在计划部署阶段，总体动态或静态封存规模从不到 1 万吨到接近 35 万吨不等。不同于二氧化碳驱油、驱煤层气和天然气等利用过程中的动态封存，咸水层封存是真正意义上的二氧化碳地质封存。神华集团位于鄂尔多斯的“二氧化碳捕集封存工业化示范项目”是我国第一个，也是亚洲最大规模把二氧化碳封存在咸水层的全流程项目。截至 2019 年，该项目已经完成 30 万吨二氧化碳的封存量。

二氧化碳驱水（二氧化碳地质封存联合深部咸水开采利用）技术，是将二氧化碳封存于深部咸水层，同时开采咸水并进行淡化处理的新型碳捕集、利用与封存技术。一方面可通过合理的抽水井位控制和采水量控制释放储层压力，达到安全稳定大规模封存的目的；另一方面采收的地矿化度咸水经过处理

---

① 韩东升，任吉萍，吴干学等. 碳捕获与封存技术综述 [J]. 四川化工，2012（2）: 17-21.

后可用于中国西部缺水严重地区或东部地面沉降较严重地区的生活饮用或工农业生产，而采收的高矿化度咸水或卤水可以用来提取各种战略液体矿产资源。

海洋封存主要是指用管道或船舶运输将二氧化碳储存在深海的海洋水或深海海床上。海洋封存的技术主要包括溶解型、湖泊型两种。溶解型海洋封存是将二氧化碳输送到深海中，使其自然溶解并成为自然界碳循环的一部分；湖泊型海洋封存是将二氧化碳注入至3000米的深海中，由于二氧化碳的密度大于海水，会在海底形成液态二氧化碳湖，从而延缓二氧化碳分解到环境中的过程。[①]

二氧化碳矿化技术主要利用地球上广泛存在碱性矿物（如橄榄石、蛇纹石及钾长石等）与溶解于水的二氧化碳反应，将其转化为稳定的碳酸盐产物，并联产出高附加值工业产品的技术。[②]作为新兴的具有较大碳封存潜力的碳捕集、利用与封存技术之一，由于矿物开采与运输困难、矿化率低、能耗大及工艺成本较高等原因，该技术并未得到大规模应用。近年来，以碱性工业固体废弃物为原料的二氧化碳矿化利用研究已逐渐成为碳捕集、利用与封存领域的研究重点，如高炉炼铁产生的碱

---

① 潘一，梁景玉，吴芳芳等. 二氧化碳捕捉与封存技术的研究与展望 [J]. 当代化工，2012（10）：1072-1075.

② 石小敏. 磷石膏处理技术及资源化研究进展与展望 [J]. 自然科学，2016（3）：243-252.

性副产品高炉渣就是最具二氧化碳封存潜力的矿化原料之一。

二氧化碳生物储存主要是指陆地与海洋生态环境中的植物、自养微生物等通过光合或化能作用来吸收和固定大气中游离的二氧化碳并在一定条件下实现向有机碳的转化，从而达到储存二氧化碳的目的。①在二氧化碳生物储存同时，也可获得高营养、高附加值的产品，如气肥、生物饲料、燃料、食品或化学制品等，其应用前景广阔。

加快发展二氧化碳捕获、利用与封存技术②

加大碳捕集、利用与封存技术研发投入

引导各类投资加速开展全流程示范项目，加快降低成本及能耗。针对碳捕集、运输、利用、封存及监测等各环节开展核心技术攻关，争取到2035年前第二代捕集技术实现商业化应用，新型利用技术实现商业化推广；开展大规模全链条集成示范工程，争取在“十四五”时期建成3~5个百万吨级碳捕集、利用与封存技术全链条示范项目，到2030年前建成千万吨级碳捕集、利用与封存产业促进中心；超前部署新一代低成本、低能耗碳

① 康丽娜，尚会建，郑学明．CO_2的捕集封存技术进展及在我国的应用前景 [J]．化工进展，2010（增刊）：24-26.

② 张妍，池晓彤，康蓉．全球CCS技术的研究，发展与应用动态 [J]．中外能源，2020（4）：6-15.

捕集、利用与封存技术研发，发展与新能源耦合的负排放技术，使驱动技术成本显著下降。

推进碳捕集、利用与封存技术商业化应用进程

紧抓早期机会加速商业化推广，将目前已商业化的捕集技术应用于高浓度排放源，并与地质、化工、生物等较为成熟的利用技术相结合，推动形成种类多样化、附加值较高的终端商业产品；把握2030—2035年碳捕集、利用与封存技术电厂改造的最佳改造窗口期，争取最大减排效益；按照改造成本最优原则，要在最佳改造窗口期内完成技术代际更替，从而避免技术锁定。

探索制定碳捕集、利用与封存激励政策及标准体系

借鉴欧美国家税收法案，探索制定适合我国的碳捕集、利用与封存税收优惠和补贴激励政策，形成投融资增加和成本降低的良性循环；给予超前部署的新一代低成本、低能耗技术以及与新能源耦合的负排放技术同等政策（财政、税收、金融、土地、市场等方面）激励；制定碳捕集、利用与封存行业规范、制度法规以及科学合理的建设、运营、监管、终止标准体系；大幅提升新建电厂的碳排放标准，明确在役电厂改造的技术适用性标准；不断完善输送管道的设计及安全标准，分类制定二氧化碳利用或封存的品质标准。

加强碳捕集、利用与封存建设研究能力，规划布局基础设施建设

加大对碳捕集、利用与封存基础设施（围绕二氧化碳捕集、运输、利用封存的技术标准、封存场地选址和安全评估标准）的投资力度，优化设施管理模式，建立合作共享机制；注重与已有资源整合，立足于正在建设的新产业促进中心，逐步升级完善现有设施；以基础设施合作共享带动形成新的产业促进中心，减少碳捕集、利用与封存项目早期投资成本。

加强国际科技交流与合作，深化多边机制合作与知识共享

通过中美清洁能源联合研究中心、中英碳捕集利用与封存中心等国际合作平台进一步创新引领国际合作机制；推动发达国家向发展中国家的技术转移，创立碳捕集、利用与封存知识体系，缩短研发周期；在国际能源署、清洁能源部长级会议、碳捕集领导人论坛、油气气候倡议组织等框架下积极开展多边合作与知识共享。充分利用国际资源、经验服务国内碳捕集、利用与封存的研发与示范，加快发展碳捕集、利用与封存技术。

节能技术

工业节能技术

根据《国家工业节能技术装备推荐目录（2020）》，工业节能技术主要包括流程工业节能改造、余热余压节能改造、重点用能设备系统节能、能源信息化管控等五大类59项。

建材行业节能改造技术9项 | 包括外循环生料立磨技术（适用于水泥等行业的原料立磨节能技术改造），钢渣/矿渣辊压机终粉磨系统（适用于建材等行业的微粉制备工艺节能改造），陶瓷原料连续制浆系统（适用于建筑及卫生陶瓷原料生产工艺节能技术改造），带中段辊破的列进式冷却机（适用于水泥生产线节能技术改造），卧式玻璃直线四边砂轮式磨边技术（适用于玻璃深加工领域节能技术改造），新型水泥熟料冷却技术及装备（适用于水泥行业节能技术改造），利用高热值危险废弃物替代水泥窑燃料综合技术（适用于利用水泥窑协同

处置废弃物等领域节能技术改造），钢渣立磨终粉磨技术（适用于钢铁、建材等行业的钢渣微粉制备工艺节能改造），低导热多层复合莫来石砖（适用于水泥行业的回转窑过渡带节能技术改造）。

冶金行业节能改造技术 5 项 | 包括宽粒级磁铁矿湿式弱磁预选分级磨矿技术（适用于冶金行业的磁铁矿磨矿工艺节能技术改造），高能效长寿化双膛立式石灰窑装备及控制技术（适用于冶金行业节能技术改造），焦炉加热优化控制及管理技术（适用于冶金行业焦炉节能技术改造），铜冶炼领域汽电双驱同轴压缩机组技术（适用于铜冶炼领域节能技术改造），汽轮驱动高炉鼓风机与电动 / 发电机同轴机组技术（适用于冶金领域高炉节能技术改造）。

化工行业节能改造技术 4 项 | 包括机械磨损陶瓷合金自动修复技术（适用于使用润滑油 / 脂的机械设备的节能降耗），升膜多效蒸发技术（适用于化工、制药等行业的节能技术改造），炉窑烟气节能降耗一体化技术（适用于锅炉烟气处理领域节能技术改造），大型清洁高效水煤浆气化技术（适用于煤炭清洁高效利用领域）。

纺织及轻工行业节能改造技术 2 项 | 包括高效节能等离子织物前处理技术（适用于纺织印染行业节能技术改造），新钠灯照明节能技术（适用于户外照明领域节能技术改造）。

电机系统节能技术 7 项 | 包括多模式节能型低露点干燥

技术（适用于流程工业用压缩空气供气系统的节能技术改造），异步电机永磁化改造技术（适用于异步电机节能技术改造），特制电机技术（适用于电机系统节能技术改造），智能磁悬浮透平真空泵综合节能技术（适用于造纸行业真空干燥工艺节能改造），卧式油冷型永磁调速器技术（适用于工业传动系统节能改造），循环水系统节能技术（适用于化工行业循环水系统节能技术改造），低温空气源热泵供热技术（适用于各行业生活供热节能改造）。

锅炉及制热节能技术 5 项 | 包括旋转电磁制热技术（适用于供热行业节能技术改造），中央空调热水锅炉（适用于空调设备的节能技术改造），超大型四段蓄热式高速燃烧技术（适用于热处理行业加热炉的节能改造），电极锅炉设计技术开发及制造（适用于核电、火电行业的启动锅炉节能技术改造），燃煤锅炉智能调载趋零积灰趋零结露深度节能技术（适用于工业燃煤锅炉节能技术改造）。

抽油机等用能设备节能技术 2 项 | 包括电缸驱动游梁式抽油机技术（适用于油田地表采油设备节能技术改造），汽轮机变工况运行改造节能技术（适用于汽轮机节能技术改造）。

余热节能技术 3 项 | 包括锅炉烟气深度冷却技术（适用于锅炉烟气余热利用领域节能技术改造），微型燃气轮机能源梯级利用节能技术（适用于微型燃气轮机能源梯级利用节能技术改造），工业燃煤机组烟气低品位余热回收利用技术（适用于

工业燃煤机组烟气余热利用领域节能技术改造)。

余压节能技术 2 项 | 包括工业循环水余压能量闭环回收利用技术(适用于工业循环水的节能技术改造),电厂用低压驱动热泵技术(适用于热电厂节能技术改造)。

微电网及储能节能技术 3 项 | 包括园区新能源微电网节能技术(适用于园区微电网节能技术改造),园区多能互补微网系统技术(适用于园区能源信息化节能技术改造),退役电池梯次利用储能系统(适用于退役电池梯次利用领域)。

能效分析及诊断节能技术 3 项 | 包括能效分析管理与诊断优化节能技术(适用于能源系统诊断与优化节能技术改造),工厂动力设备新型故障诊断及能源管理技术(适用于工业企业能源信息化管控节能改造),能耗数据采集及能效分析关键技术(适用于能源信息化管控领域节能技术改造)。

智慧能源管控系统节能技术 8 项 | 包括基于大数据的船舶企业智慧能源管控信息系统(适用于船舶行业能源信息化管控领域节能改造),工业企业综合能源管控平台(适用于工业企业能源信息化管控节能改造),中央空调节能优化管理控制系统(适用于空调系统节能技术改造),能源消耗在线监测智慧管理平台(适用于能源信息化管控领域节能技术改造),钢铁企业智慧能源管控系统(适用于钢铁行业能源信息化管控节能技术改造),企业能源可视化管理系统(适用于能源信息化管控领域节能技术改造),基于工业互联网钢铁企业智慧能源管

控系统（适用于钢铁行业能源信息化节能改造），磁悬浮中央空调机房节能改造技术（适用于中央空调系统节能技术改造）。

轨道交通等其他工业节能技术6项丨包括铜包铝芯节能环保电力电缆（适用于输配电线路节能技术改造），介孔绝热材料节能技术及应用（适用于隔热保温领域节能技术改造），双源热泵废热梯级利用技术（适用于低温热水供应领域节能技术改造），城轨永磁牵引系统（适用于城市轨道交通等行业节能技术改造），地铁再生制动能量回馈关键技术与应用（适用于城市轨道交通等行业节能技术改造），板管蒸发冷却式空调制冷技术（适用于工业制冷领域节能技术改造）。

建筑节能技术

绿色节能建筑必须遵循因地制宜的原则，综合考虑我国各地的气候特点、地理环境、自然资源等因素，形成具有地域特色的建筑节能技术体系。

建筑围护结构节能技术丨通过改善建筑物围护结构的热工性能，达到夏季隔绝室外热量进入室内，冬季防止室内热量泄出室外，使室内温度尽可能接近舒适温度，以减少通过采暖、制冷设备来达到合理舒适室温的能源负荷，最终达到节能的目的。该项成套技术有：高效外墙外保温技术；外窗节能技术，采用中空低辐射玻璃的平开塑钢窗；根据房屋朝向和日照规律，采用高效的内、外遮阳技术；采用倒置式保温和种植屋面相结合的屋面保温体系。

能源利用技术丨通过转换装置将太阳能、地热能转化成热能和电能，能有效地解决建筑物内热水、采暖、空调和照明等相关问题。该项成套技术有：太阳能光伏发电技术、太阳能聚热技术、太阳能与建筑一体化技术、地源热泵空调技术。

环境与环保技术丨在改善人们的居住环境、降低环境负荷、建筑物的建造和使用过程中，尽可能地保护环境。主要的技术有：建筑物立体绿化技术；绿色建材技术，旨在建造和使用过程中采用可减量使用、可重复使用和可再生使用的建材环保材料；节水综合技术，包括采用节水器具、雨污水收集回用技术和地保水技术；模拟建筑物周边的风环境和日照规律，进行高效的自然通风和天然采光设计。

照明节能技术

照明节能属于建筑节能及环境节能的重要组成部分之一，其范畴包括照明光源的优化、照度分布的设计及照明时间的控制，以达到照明有效利用率最大化的目的。照明节能技术主要通过 3 种方式来达到节能的目的。一是自然光的充分利用。通过充分利用窗户、阳台和天棚的自然采光，采用电动遮阳控制技术，实现对自然采光的有效利用。二是节能光源的优选。采用节能的 LED 光源，在相同照度和色温的前提下，可以大幅度降低光源的能耗比。三是照度分布及照明时间的自动控制。采用智能照明控制技术，通过对有效的照明区域、照度需求和照明时间的自动控制，提高人工照明的效率。目前国内照明节能具体措施有：一是合理选型，提高照明效率；二是推广高效率节能灯具；三是推广节能镇流器。[①] 而高效节能照明技术是采用高频镇流器降低灯的耗电率，采用稀土荧光粉吸收紫外线并变为可见光，提高发光效率。

电力节能技术

电力节能技术主要包括功率因数补偿技术、闭环控制技术、能量回馈技术、相控调功技术、稳压调流技术、电能质量治理技术等，与工业节能存在交叉。

锅炉节能技术

锅炉节能技术是把高新材料技术、燃烧技术和锅炉综合技术有机结合在一起，通过一系列物理、化学变化，使燃烧煤达到强化燃烧、充分燃烧、完全燃烧的一种全新燃烧方式。主要

---

① 照明节能具体措施 [EB/OL]. https://www.cecol.com.cn/nyjy/zmjn/201202/259.html, 2012-02-07.

包括冷凝式余热回收锅炉技术、锅炉尾部采用热管余热回收技术、防垢除垢技术、富氧燃烧技术、旋流燃烧锅炉技术、空气源热泵热水机组替换技术等。

家用节能技术

家用节能主要是家庭生活中的节水（涉及的设备包括节水喷淋设备、节水龙头、节水马桶、节水洗衣机、节水热水器、节水洗车装备等）、照明节能、家用燃气节能、家用电器节能（包括空调、电冰箱、显示器等）等。

节油节气技术

节油节气主要是对燃油、燃气设备，通过先进技术、工艺改善燃烧性能，提高燃油燃气效率，降低油耗、气耗，主要包括锅炉节油技术、柴油机节油技术、发电机节油技术、汽车节油技术、航空航天节油技术，以及民用节气技术、锅炉节气技术、油田集输系统技术等。

余热回收利用技术

余热是指在某一热工过程中未被利用而排到周围环境中的

热能。按载体形态可将余热分为固态载体余热、液态载体余热和气态载体余热。据统计，我国各行业余热占其燃料消耗总量的 17%~67%，其中约有 60% 可以回收。余热回收利用技术主要包括热电联产技术、热泵技术、热管技术。

节水技术

节水技术主要包括工业节水技术、农业节水技术、城镇生活节水技术、服务业节水技术等。

工业节水技术是指可提高工业用水效率和效益、减少水损失、可替代常规水资源等的技术，包括直接节水技术和间接节水技术。直接节水技术是指直接节约用水，减少水资源消耗的技术。间接节水技术是指本身不消耗水资源或者不用水，但能促使降低水资源消耗的技术。工业用水主要指冷却用水、热力和工艺用水、洗涤用水，主要包括用水重复利用技术、冷却节水技术、节约热力和工艺系统用水、洗涤节水技术、给水和废水处理、非常规水资源利用及快速堵漏修复技术等。

农业节水技术主要包括节水工程技术、农业节水技术和节水治理技术。其中，节水工程技术有渠道防渗技术、低压管道输水浇灌技术、喷微灌技术、雨水利用技术、抗旱节水技术及各种地面浇灌改进技术等。

城镇生活节水技术及方法措施主要有水表安装与计量、采用节水型器具、城市节水灌溉、城市污水回用技术、减少管网的漏损率，利用价格杠杆调整水价促进节水工作，发展城市供水管网的检漏和防渗技术，开发和应用管网查漏检修决策支持信息化技术，推广应用城市居住小区再生水利用技术。

服务业节水技术主要是生活服务业领域，加强洗涤、洗车、洗浴、高尔夫、滑雪场等行业的节水技术开发和利用。

智能监管技术

碳排放行业监管背景

碳排放监管存在问题

传统碳足迹、碳核算的方式，普遍存在企业参与积极性不足，碳种类标准不统一，数据不完备以及虚构、造假、丢失，监管过程中行为与信息的溯源查证问题等。例如：2020年12月30日，内蒙古鄂尔多斯高新材料有限公司委托中碳能投科技（北京）有限公司将2019年排放报告所附的2019年全年各12份检测报告中部分内容篡改后，虚报给自治区生态环境厅委托的第三方核查机构进行核查。

碳排放监管走向科技化

在云计算、大数据、移动互联网、物联网应用快速发展的时代背景之下，碳监测核算技术在我们国家越来越受到重视，碳监测核算行业也不断和互联网技术的发展做结合，碳监测核算正不断走向科技化、智能化、自动化。

我国在绿色低碳技术上相较于欧美国家有领先性，但却沿用了国际上现在看来已经落后的标准，所以，在碳排放的核算上不宜再采用统计上报和摸清估计的方法，要利用大数据等技术手段实现碳排放的高密度实测，为碳排放交易和标准制定提供精准化、精细化的数据支撑。

区块链智能技术背景

中共中央政治局2019年10月24日下午就区块链技术发展现状和趋势进行第十八次集体学习。习近平总书记强调："区块链技术的集成应用在新的技术革新和产业变革中起着重要作用。我们要把区块链作为核心技术自主创新的重要突破口，明确主攻方向，加大投入力度，着力攻克一批关键核心技术，加快推动区块链技术和产业创新发展。"[1]

作为数字经济的发展基石，新一代信息技术引领的新型基础设施建设已成为我国谋求高质量发展的重要要素。区块链技术应用已延伸到数字金融、物联网、智能制造、供应链管理、

① 习近平在中央政治局第十八次集体学习时强调　把区块链作为核心技术自主创新重要突破口　加快推动区块链技术和产业创新发展 [EB/OL]. https://www.xinhuanet.com//2019-10/25/c-1125153665.htm，2019-10-25.

数字资产交易等多个领域。2020 年 4 月 20 日，国家发展改革委召开例行在线新闻发布会，正式明确“新基建”范围，区块链技术作为新技术基础设施被纳入“新基建”范围内。

区块链技术赋能碳排放监管

第 46 届世界经济论坛达沃斯年会将区块链与人工智能、自动驾驶等一并列入“第四次工业革命”。《经济学人》杂志在 2015 年 10 月的封面文章《信任的机器》中介绍区块链，称其为“比特币背后的技术有可能改变经济运行的方式”。

区块链本质上是一种解决信任问题、降低信任成本的信息技术方案。区块链依靠的是一套完整配套的算法，包含以下几个核心的技术特征：

分布式记账，信息数据存储更安全；

哈希算法实现数据的可信、不可篡改；

隐私加密算法保证链上数据的私密性；

基于智能合约的物联网设备共识计算，确保全环节流程公平透明、自动执行；

定制私有链设置监管节点，或混合联盟链设计共识，保证链上数据和行为的监管穿透，赋予其可信背书。

整体来说，区块链技术所包含的“不可伪造”、“全程留痕”、“可以追溯溯源”、“公开透明”、“多方协作维护”等核心特征，可以与碳排放行业中的计量、核算、交易、监管等行为进行有机结合。

通过碳排放监管平台，为参与协作的多方提供基于区块链的数据采集接口，通过整合碳排放源头碳数据采集设备所采集的碳监测数据，与核查流程中关键环节的各个角色如企业、核查机构统计并上传的碳核查数据；同时，进一步整合相应监管覆盖范围内行政机构提供的交通流量、燃油燃气、电力能源、植物排放等碳排放相关的数据（该数据需符合《企业温室气体排放报告核查指南（试行）》中的具体要求），利用区块链技术实现碳排放监管平台中行为、信息、数据的可信生产、可信计算、可信存证，并通过赋予监管方区块链系统的最高权限，可以实现监管方对于碳监测数据采集处理、碳核算处理计算、碳数据存储存证每个环节的信息数据和参与方行为的有效监管。

综上所述，区块链智能技术将赋能碳排放监管全流程，解决碳计量和核算流程中存在的数据虚构、造假、丢失，以及核查核算与存证过程中的透明可信、溯源验证等问题，最终实现对于碳排放全流程的有效监管。

第九章

碳达峰、碳中和与低碳能源

低碳能源是指利用过程中产生较少二氧化碳等温室气体的能源。发展低碳能源是通过发展清洁能源，包括风能、太阳能、核能、地热能和生物质能等替代煤炭、石油等化石能源，以减少二氧化碳排放。我国要实现碳达峰、碳中和，必须大力发展低碳能源产业，以此奠定绿色经济发展的产业基础，促进产业升级，推动经济社会持续发展。

低碳能源产业的崛起

低碳能源产业发展历程

国外低碳能源产业发展历程

对煤炭、石油等化石能源的掌控，是18—19世纪的英国以及20世纪的美国获取及维持霸权地位的重要支撑。随着传统化石能源消费引起的气候变化、大气污染等环境问题的日益严峻，世界各国均将大力发展低碳清洁能源作为一项重要能源战略。

作为全球最早开发可再生能源的国家之一，美国在可再生能源的开发和利用中处于领先地位。20世纪80年代以后，美国政府先后颁布了《美国复苏与再投资法案》《总统未来能源安全蓝图》《全方位能源战略》《清洁电力计划》等大量战略性的能源政策，有效推动了可再生能源系统的发展。

2013年，韩国建成了世界上首条无线充电公交车车道。

2015年，美国斯坦福大学建设了一个全校性的能源转换系统，用电网供电以及首创的热能回收系统取代了纯化石燃料的发电厂。能源系统的革新使斯坦福大学的温室气体排放量减少68%、化石燃料用量减少65%、用水量减少15%，每年减少15万吨二氧化碳的排放，相当于每年减少了3.2万辆汽车。2016年，法国在诺曼底启用全球首条光伏公路。2017年，美国高通公司实现电动汽车速度100千米/小时条件下的无线充电。

欧盟作为全球最大的能源市场，是应对气候变化的坚定倡导者。随着“欧洲所有人的清洁能源”一揽子计划的实施，目前欧洲已经通过了能源转型的重要立法。2020年，风能和太阳能等可再生能源的发电量已占欧盟27个成员国总发电量的38%。在欧盟成员国中，丹麦在可再生能源，特别是风能以及电力和供暖系统转型方面被广泛认为是先锋，2020年，丹麦的风能和太阳能发电量已占到该国总发电量的61%。德国作为欧洲最大的经济体，是一个旨在实现经济脱碳的高度工业化国家，2020年德国可再生能源发电占比达33%。

疫情后“经济绿色复苏”已成为广泛共识，欧盟及欧洲主要国家均出台了绿色复苏计划。国际可再生能源署发布的《可再生能源装机容量数据2021》报告显示，2020年，全球可再生能源装机容量达到了2799吉瓦，比2019年增长10.3%，新增可再生能源装机容量超过260吉瓦。太阳能和风能在新增可再生能源中占主导地位，占比达到91%，其中，太阳能发电占新增装机容量的48%以上，达127吉瓦，同比增长22%；风力发电增长18%，达111吉瓦。与此同时，水电装机容量增长20吉瓦，涨幅为2%；生物质能装机容量增长2吉瓦，涨幅同样为2%；地热装机容量达到164兆瓦。截至2020年底，水力发电在可再生能源装机容量中所占份额最大，达到1211吉瓦。随着水力发电继续呈现增长态势，加之太阳能和风能的广泛推广使用，2020年全球可再生能源装机容量年增长率创下新高。

我国低碳能源产业发展历程

随着1992年世界环境与发展大会的召开，低碳能源的发展得到了普遍的重视。我国对环境与发展提出10条对策和措施，明确要“因地制宜地开发和推广太阳能、风能、地热能、潮汐能、生物质能等清洁能源”。1994年《中国21世纪议程》发布，1998年《节约能源法》开始实施,2005年2月《可再生能源法》诞生，为中国的能源建设走向法制化轨道奠定了基础。

2010年以后，低碳能源进入了高速增长期，党的十八大报告提出，推动能源生产和消费革命；2014年，国家能源局表示，从新能源方面解决环境问题；2016年4月国家能源局印发的《关于印发2016年能源工作指导意见的通知》指出，构建绿色低碳、安全高效的现代能源体系。2017年，我国新能源（并网风能和太阳能）发电量同比增长36.6%，占发电总量的比重达到 6.5%。2018 年两者装机比重占全部电力装机比重达到 18.89%。

随后,《"十三五"规划纲要》和能源行业的"十三五"规划及政策先后颁布，从全局和各个领域提出了大力发展新能源和低碳能源，实现经济转型，促进绿色经济发展目标的实现。

2020 年 4 月，国际能源局《中华人民共和国能源法（征求意见稿）》指出国家调整和优化能源产业结构和消费结构，优先发展可再生能源，安全高效发展核电，提高非化石能源比重，原则性地规定了可再生能源经济激励政策；2020 年 9 月，我国自主研发的三代核电技术"国和一号"完成研发，单机功率达到 150 万千瓦，代表了目前全球最先进的核电水平。2020 年 12 月，新一代"人造太阳"—— 中国环流器二号 M 装置在成都正式建成并实现首次放电，标志着我国自主掌握了大型先进核聚变装置的设计、建造、运行技术。在电力行业，截至 2020 年底，我国可再生能源发电装机总规模达到 9.3 亿千瓦，占总装机的比重达到 42.4%，其中水电 3.7 亿千瓦、风电 2.8 亿千瓦、光伏发电 2.5 亿千瓦、生物质发电 2952 万千瓦。2020 年，规模以上工业水电、核电、风电、太阳能发电等一次电力生产占全部发电量比重为 28.8%，天然气、水电、核电、风电等清洁能源消费量占能源消费总量的 24.3%。

2020 年《气候透明度报告》指出，中国一方面逐步推进火电设施的去功能化，另一方面加速发展可再生能源，低碳经济发展在二十国集团（G20）中处于领先地位，预计碳排放峰值有望在早先预期的2030年前出现。在实施碳达峰、碳中和战略背景下，低碳能源取代化石燃料的趋势逐渐明朗，推进低碳能源转型，推动低碳产业发展，中国经济必将进入一个高质量、绿色低碳发展的新时期。

低碳能源产业的划分

按照《绿色产业指导目录（2019年版）》，低碳能源产业涉及清洁能源产业下的4项二级分类、32项三级分类。从三次产业划分看，低碳能源产业还是属于生态工业的一部分。

新能源与清洁能源装备制造 | 包括风力发电装备制造、太阳能发电装备制造、生物质能利用装备制造、水力发电和抽水蓄能装备制造、核电装备制造、非常规油气勘查开采装备制造、海洋油气开采装备制造、智能电网产品和装备制造、燃气轮机装备制造、燃料电池装备制造、地热能开发利用装备制造、海洋能开发利用装备制造。

清洁能源设施建设和运营 | 包括风力发电设施建设和运营、太阳能利用设施建设和运营、生物质能源利用设施建设和运营、大型水力发电设施建设和运营、核电站建设和运营、煤层气（煤矿瓦斯）抽采利用设施建设和运营、地热能利用设施建设和运营、海洋能利用设施建设和运营、氢能利用设施建设和

运营、热泵建设和运营。

传统能源清洁高效利用 | 包括清洁燃油生产、煤炭清洁利用、煤炭清洁生产。

能源系统高效运行 | 包括多能互补工程建设和运营、高效储能设施建设和运营、智能电网建设和运营、燃煤发电机组调峰灵活性改造工程和运营、天然气输送储运调峰设施建设和运营、分布式能源工程建设和运营、抽水蓄能电站建设和运营。

低碳能源产业发展战略

在实现碳达峰、碳中和战略目标的要求下，面对能源供需格局新变化、国际能源发展新趋势，保障国家能源安全，推动能源产业可持续发展，必须推动能源生产和消费革命。

第一，推动能源消费革命。改变现阶段我国以煤炭为主的能源消费结构，提高低碳能源在消费总量中的比重。大力发展可再生能源，推进以电代煤、以电代气，着力促进能源清洁高效利用，全面落实节能优先战略，指导能源产业结构合理优化。

第二，推动能源供给革命。促进能源供给结构低碳转型，着力提高能源供给质量和效率，立足多元化能源供应，促进多能互补、协调发展。一方面，通过价格机制的激励约束作用，从供给和消费两方面，综合调节供求两端，促进能源供给结构低碳转型。另一方面，综合考虑资源环境约束、可再生能源消纳、能源流转成本等因素，调整能源发展布局，将风电、光伏布局向东中部转移。

第三，推动能源技术革命。能源技术革命是能源革命的动力和核心支撑，着力提升关键技术自主创新能力，加快能源与现代信息技术深度融合，为低碳能源结构优化以及能源互联网建设提供重要基础和技术支撑。

第四，推动能源体制革命。着力加快推进能源市场化改革，积极推动能源投资多元化，深化电力体制改革和石油天然气体制改革，完善能源价格形成机制，完善能源统计制度，推动能源领域法律法规立改废工作。

第五，全方位巩固能源领域多边合作，协同畅通国际能源贸易投资，协同促进欠发达地区能源可及性，推进全球能源可持续发展，维护全球能源安全。建设好“一带一路”能源合作伙伴关系，促进能源互利合作。

低碳能源的开发和利用

风能

风能是指地球表面大量空气流动所产生的动能，是太阳能的一种转化形式。在自然界中，风能是一种可再生、无污染且蕴藏量巨大的能源，它的蕴藏量是水能的10倍，且分布广泛、永不枯竭，对交通不便、远离主干电网的岛屿及边远地区尤为重要。但风能资源受地形的影响较大，世界风能资源多集中在沿海和开阔大陆的收缩地带，如美国的加利福尼亚州沿岸和北欧一些国家，我国的东南沿海、内蒙古、新疆和甘肃一带。

风能是最具商业潜力、最具活力的可再生能源之一，使用清洁、成本较低、取用不尽。风力发电具有装机容量增长空间大、成本下降快、安全、能源永不耗竭等优势。在各类新能源开发中，风力发电是技术相对成熟，并具有大规模开发和商业开发条件的发电方式。

风电产业始于 1973 年的石油危机，20 世纪 80 年代开始建立示范风电场，成为电网新电源。此后，风电发展一直保持着世界增长最快的能源地位。2019 年，全球市场累计装机 650 吉瓦。

我国风能储量很大，分布面广，可开发风能资源约 10 亿千瓦，开发利用潜力巨大。1986 年，我国第一座风电场——马兰风力发电厂在山东荣成并网发电。2010 年我国首座海上风电示范项目——上海东海大桥 102 兆瓦项目全部并网发电。截至 2020 年底，我国风电累计装机规模达到 28172 万千瓦。哈佛大学和清华大学的一项研究表明，2030 年中国的风力发电可满足所有的电力需求。

太阳能

广义的太阳能所包括的范围非常大，地球上的风能、水能、海洋温差能、波浪能和生物质能以及部分潮汐能都是来源于太阳，即使是地球上的化石燃料（如煤、石油、天然气等）从根本上说也是远古以来贮存下来的太阳能；狭义的太阳能则限于太阳辐射能的光热、光电和光化学的直接转换。太阳能发电既是一次性能源，又是可再生能源。它资源丰富，无须运输，对环境无任何污染。太阳能的利用有光热转换和光电转换两种方式。

20 世纪 70 年代，由于二次石油危机的影响，光伏发电在世界范围内受到高度重视。1973 年，美国制订了政府级阳光发电计划，1980 年又正式将光伏发电列入公共电力规划；1992 年日本启动了新阳光计划；1997 年美国和欧洲相继宣布“百万屋顶光伏计划”；2000 年全世界太阳电池的产量达到 287.7 兆瓦；到 2003 年，日本光伏组件生产占世界的 50%，世界前十大厂商有 4 家在日本。而德国新可再生能源法规定了光伏发电上网电价，大大推动了光伏市场和产业发展，使德国成为继日本之后世界光伏发电发展最快的国家。瑞士、法国、意大利、西班牙、芬兰等国，也纷纷制订光伏发展计划，并投巨资进行技术开发和加速工业化进程。截至 2020 年底，全球累计光伏装机 760.4 吉瓦，有 20 个国家和地区的新增光伏容量超过了 1 吉瓦，中国、欧盟和美国分别以 48.2 吉瓦、19.6 吉瓦和 19.2 吉瓦的规模位列全球前三。

在我国，太阳能光伏发电应用始于 20 世纪 70 年代，真正迅速发展是在 80 年代，1983—1987 年先后从美国、加拿大等国引进了 7 条太阳电池生产线。到 2007 年年底，全国光伏系统的累计装机容量达到 100 兆瓦，从事太阳能电池生产的企业达到 50 余家，太阳能电池生产能力达到 2900 兆瓦，超过日本和欧洲，并已初步建立起从原材料生产到光伏系统建设等多个环节组成的完整产业链。2015 年，百度云计算（阳泉）中心太阳能光伏发电项目成功并网发电，这是太阳能光伏发电技术在国内数据中心的首例应用。2020 年，全国并网太阳能发电装机容量达 25343 万千瓦，同比增长 24.1%，占全部装机容量的 11.52%。

海洋能

海洋能指海洋中所蕴藏的可再生自然能源，主要为潮汐能、波浪能、海流能（潮流能）、海水温差能和海水盐差能。海洋通过各种物理过程接收、储存和散发能量，这些能量以潮汐、波浪、温度差、海流等形式存在于海洋之中，所有这些形式的海洋能都可以用来发电。海洋能具有蕴藏量大、可再生、不稳定及造价高、污染小等特点。海洋能属于清洁能源，在海洋总水体中蕴藏量巨大，具有可再生性，且海洋能的开发对环境污染影响很小。

大规模的海洋能技术研究始于 20 世纪 70 年代，在第一次石油危机过后便迅速衰落。然而进入 21 世纪后，人类对于可再生清洁能源的需求越来越大，海洋能开发的研究又进入了一个快速增长阶段。目前海洋能中有效开发利用的是潮汐能，潮汐发电技术成熟、利用规模最大。浩瀚的海洋和漫长的海岸线使欧洲各国拥有大量、稳定、廉价的潮汐资源，在开发利用潮汐能方面一直走在世界前列。法国、加拿大、英国等国在潮汐发电的研究与开发领域保持领先优势。美国已经利用海水温差发电。2010 年，全球的海洋温差发电站就超过了 1000 座，主要集中在美国和日本。2019 年，全球海上风电累计装机容量接近 29.1 吉瓦。

我国拥有长达 1.8 万多千米的大陆海岸线和 1.4 万多千米的岛屿海岸线，1 万多个大大小小的海岛和岛礁，潮汐能资源蕴藏量约为 1.1 亿千瓦，可开发总装机容量为 2179 万千瓦，年发电量可达 624 亿千瓦时。波浪发电是继潮汐发电之后，发展最快的一种海洋能源利用形式。中国波浪能的理论存储量为 7000 万千瓦左右，可开发利用量 3000 万 ~3500 万千瓦，建立波浪能发电系统有较大发展潜力。

中国的波浪能开发利用始于 20 世纪 70 年代，于 1975 年制成并投入试验了一台 1000 瓦的波浪能发电装置。在波浪能发电站建设方面，广州能源所在 1989 年建成 3000 瓦的多振荡水柱式波浪能电站，并于 1996 年试发电成功，该电站升级成为一座 20 千瓦的波浪能电站。广东省汕尾市在 2005 年建成了世界上首座独立稳定的波浪能电站。

《“十四五”规划和 2035 年远景目标纲要》也提出，推进海水淡化和海洋能规模化利用。

天然气

天然气是指自然界中存在的一类可燃性气体，是一种化石燃料，包括大气圈、水圈和岩石圈中各种自然过程形成的气体

（包括油田气、气田气、泥火山气、煤层气和生物生成气等）。天然气蕴藏在地下多孔隙岩层中，包括油田气、气田气、煤层气、泥火山气和生物生成气等，也有少量出于煤层。天然气是优质燃料和化工原料，主要用途是做燃料，可制造炭黑、化学药品和液化石油气，由天然气生产的丙烷、丁烷是现代工业的重要原料。

天然气和煤、石油都属于化石能源，而且是非再生能源，但天然气燃烧后无废渣、废水产生，相较煤炭、石油等能源具有使用安全、热值高、洁净等优势，且不含一氧化碳，也比空气轻，一旦泄漏，会立即向上扩散，不易积聚形成爆炸性气体，绿色环保、经济实惠、安全性较高。

采用天然气作为能源，可减少煤和石油的用量，因而大大改善环境污染。天然气作为一种清洁能源，能减少近 100% 二氧化硫和粉尘排放，减少 60% 的二氧化碳排放和 50% 的氮氧化合物排放，并有助于减少酸雨形成，减缓地球温室效应，从根本上改善环境质量。

天然气产业大规模发展的时期是 20 世纪 70 年代以后，随着技术的改革和创新，越来越多的新型天然气产业出现并不断发展。截至 2019 年年底，世界天然气剩余可采储量为 198.8 万亿立方米，天然气年产量为 3.99 万亿立方米。其中，北美地区天然气年产量为 11280 亿立方米，中东地区天然气年产量为 6953 亿立方米，俄罗斯—中亚地区天然气年产量为 8465 亿立方米。

中国是世界上最早大规模开采、应用天然气的国家。2019年，全国天然气（含非常规气）产量达1773亿立方米，其中常规气产量为1527亿立方米、页岩气产量为154亿立方米、煤层气产量为55亿立方米、煤制气产量为36.8亿立方米。2019年，天然气表观消费量为3064亿立方米，在一次能源消费结构中占比达8.1%。

随着技术的发展，液化天然气将会被更加广泛地应用到社会生活中的各个方面，为社会的发展提供积极的推动力。除取暖锅炉、商业服务和家庭炊事的使用外，天然气已广泛应用于发电、化工、车用燃料和电池燃料、空调及家庭自动化等方面，利用和发展潜力十分巨大。

地热能

地热能是从地壳抽取的天然热能，这种能量来自地球内部的熔岩，并以热力形式存在，是引发火山爆发及地震的能量。地球内部的温度高达7000℃，而在80~100公里的深度，温度会降至650~1200℃。透过地下水的流动和熔岩涌至离地面1000~5000米的地壳，热力得以被转送至较接近地面的地方。高温的熔岩将附近的地下水加热，这些加热了的水最终会渗出地面。地热能是可再生资源，地热发电的过程就是把地下热能首先转变为机械能，然后再把机械能转变为电能的过程。地热能是来自地球深处的可再生性热能，其储量比目前人们所利用能量的总量多得多。

地热资源是一种可再生的清洁能源，全球 5000 米以内地热资源量约为 4900 万亿吨标煤，目前开发的地热资源主要是蒸汽型和热水型两类。美国麻省理工学院的一项研究显示报告，如果开发美国大陆地表下 3000~10000 米中 2% 的地热资源，就可以供应相当于全美年总耗电量 2500 倍的电能。

2019 年，地热装机容量排前 5 位的是美国（18.3%）、印度尼西亚（15.3%）、菲律宾（13.8%）、土耳其（10.9%）、新西兰（6.9%）。世界上装机容量在 10 兆瓦以上的地热发电站有 73 座，装机容量为 13931 兆瓦。

我国地热资源蕴藏丰富。336 个主要城市浅层地热能可利用量折合标准煤为 7 亿吨 / 年，地热资源量可折合 1.25 万亿吨标准煤，已探明地热流体可采热量相当于 1.17 亿吨标准煤 / 年，高温地热资源发电潜力为 846 万千瓦。我国大陆 3000~10000 米深处的干热岩资源总计相当于目前年度能源消耗总量的 26 万倍，约等于 860 万亿吨标准煤，提取其中的 2% 就相当于我国 2014 年能源消耗的 4040 倍。

我国地热资源约占全球资源量的 1/6，现每年可利用浅层地热能资源量 3.5 亿吨标准煤，减排 5 亿吨二氧化碳，每年可利用中深层地热能资源量 6.4 亿吨标准煤，减排 13 亿吨二氧化碳，利用干热岩资源正处于研发阶段。在我国的地热资源开发中，除地热发电外，直接利用地热水进行建筑供暖、发展温室农业和温泉旅游等利用途径也得到较快发展。截至2018年年底，我国北方地区地热供暖面积累计约4.52亿平方米。

生物质能

生物质能是太阳能以化学能形式储存在生物质中的能量形式，即以生物质为载体的能量。它直接或间接地来源于绿色植物的光合作用，可转化为常规的固态、液态和气态燃料，取之不尽、用之不竭，是一种可再生能源，同时也是唯一一种可再生的碳源。

生物质能是人类赖以生存的重要能源，是仅次于煤炭、石油和天然气而居于世界能源消费总量第四位的能源。生物质能具有可再生性、低污染性、广泛分布性、广泛应用性、总量十分丰富的特点，在整个能源系统中占有重要地位。据估算，地球陆地每年生产1000亿~1250亿吨生物质，海洋年生产500亿吨生物质，生物质能源的年生产量远远超过全世界总能源需求，相当于目前世界总能耗的10倍。

2017年，全球生物质能发电量为495.4吉瓦时。2018年，全球生物质能装机容量为117.8吉瓦，全球秸秆发电装机量为18.68吉瓦，沼气发电装机量为18.13吉瓦，垃圾发电装机量为

12.60 吉瓦。中国、巴西、美国是全球排名前三的生物质能发电装机国家。

我国拥有丰富的生物质能资源，依据来源的不同可以将适合于能源利用的生物质分为农作物秸秆及农产品加工剩余物、林木采伐及森林抚育剩余物、木材加工剩余物、畜禽养殖剩余物、城市生活垃圾和生活污水、工业有机废弃物和高浓度有机废水等。我国农作物秸秆可收集资源量每年约 6.9 亿吨，林业剩余物和能源植物每年约 3.5 亿吨，适合人工种植的 30 多种能源作物（植物）资源潜力可满足年产 5000 万吨生物液体燃料的原料需求，生活垃圾、厨余垃圾、城镇污水处理厂污泥可利用资源量约 9300 万吨，酒精、制糖、酿酒等 20 多个行业每年排放有机废水 43.5 亿吨、废渣 9.5 亿吨，可转化为沼气约 300 亿立方米，规模化畜禽养殖场粪便资源每年约 8.4 亿吨，生产沼气的潜力约为 400 亿立方米。我国可作为能源利用的生物质资源总量每年约 4.6 亿吨标准煤，目前已利用量约 2200 万吨标准煤，还有约 4.4 亿吨可作为能源利用。

2019 年上半年，我国生物质发电新增装机 214 万千瓦，累计装机达到 1995 万千瓦，生物质发电量 529 亿千瓦时。

《生物质能发展“十三五”规划》提出，全国可作为能源利用的农作物秸秆及农产品加工剩余物、生活垃圾与有机废弃物等生物质资源总量每年约 4.6 亿吨标准煤。《可再生能源中长期发展规划》指出，我国生物质资源可转换为能源的潜力约 5

亿吨标准煤，随着造林面积的扩大和经济社会的发展，我国生物质资源转换为能源的潜力可达10亿吨标准煤。在传统能源日渐枯竭的背景下，生物质能源是理想的替代能源。

在实现碳达峰、碳中和的背景下，开发利用生物质能等可再生的清洁能源资源对建立可持续的能源系统、促进国民经济发展和生态环境保护具有重大意义。

核能

核能（原子能）是通过转化其质量从原子核释放的能量。核能发电是利用核反应堆中核裂变所释放出的热能进行发电的方式，与火力发电极其相似，只是以核反应堆及蒸汽发生器来代替火力发电的锅炉，以核裂变能代替矿物燃料的化学能。核能发电利用铀燃料进行核分裂连锁反应所产生的热，将水加热成高温高压蒸汽，利用产生的水蒸气推动蒸汽轮机并带动发电机。核反应所放出的热量较燃烧化石燃料所放出的能量要高百万倍，所需要的燃料体积比火力电厂小得多。

核能有明显的优点，核能发电不像化石燃料发电那样排放巨量的污染物质到大气中，因此核能发电不会造成空气污染，不会产生加重地球温室效应的二氧化碳。核燃料能量密度比起化石燃料高几百万倍，运输与储存都很方便，燃料费用所占的比例较低。但核能电厂会产生高低阶放射性废料，核发电厂热效率较低，热污染较严重。核电厂的反应器内有大量的放射性物质，如果在事故中释放到外界环境，会对生态及民众造成伤害。核能是满足能源供应、保证国家安全的重要支柱之一。核能发电在技术成熟性、经济性、可持续性等方面具有很大的优势，同时相较于水电、光电、风电，具有无间歇性、受自然条件约束少等特点，是可以大规模替代化石能源的清洁能源。尽管核电是清洁能源，但在“高放废物”处理未能解决之前，还需审慎发展。

1954 年，苏联建成世界上第一座装机容量为 5 兆瓦（电）的奥布宁斯克核电站，此后英国、美国等国也相继建成各种类型的核电站。截至 2015 年 7 月，全球核电总装机容量 337 吉瓦。全球核电发电量在 2014 年为 2410 太瓦时。2014 年全球核电份额为 10.8%，核电占全球商业一次能源的份额为 4.4%。美国、法国、俄罗斯、韩国和中国是全球五大核电国家，其发电量占全球核电发电量的 69%，而美国和法国核电发电量占全球核电发电量的 50%。

截至 2021 年 6 月 30 日，我国共有 16 座核电厂，运行核电机组共 51 台（不含台湾地区），装机容量为 53274.95 兆瓦（额定装机容量）。2021 年 1—6 月，全国累计发电量为 38717.0 亿千瓦时，运行核电机组累计发电量为 1950.91 亿千瓦时，占全国累计发电量的 5.04%。与燃煤发电相比，核能发电相当于减少燃烧标准煤 5517.17 万吨，减少排放二氧化碳 14454.98 万吨，减少排放二氧化硫 46.90 万吨，减少排放氮氧化物 40.83 万吨。在安全利用核电的前提下，发展核电有利于实现碳达峰、碳中和。

氢能

21 世纪最具发展潜力的清洁能源是氢能源。氢是宇宙中分布最广泛的物质，构成了宇宙质量的 75%，氢能被称为人类的终极能源。氢能是指以氢及其同位素为主体的反应中或氢的状态变化过程中所释放出的能量，包括氢核能和氢化学能两部分。氢能是 21 世纪最具发展前景的二次能源。

作为一种低碳、零碳能源和理想的新的合能体能源，氢能具有减少温室效应、能再次回收利用、无毒、利用率高、重量最轻、导热性最好、发热值高、燃烧性能好、利用形式多、形态多、耗损少等特点，因此世界各国对氢能非常重视。用氢燃料电池给汽车提供动力，能够解决空气污染、噪声污染和二氧化碳排放；氢气是工业最重要的原材料之一，氢的使用可以使精炼等行业达到基本无碳排放；运用氢能微型热电联产机组技术可以极大地提高能源利用效率，建设节能环保型建筑。但氢是一种二次能源，它的制取需要消耗大量的能量，而且目前制氢效率很低，由于氢易气化、着火、爆炸，运输、贮存不方便，在使用中存在安全隐患。

20 世纪 70 年代以来，许多国家和地区就开始了氢能研究，但至今还未形成氢能源应用体系，氢能源应用主要局限在个别领域。美国把液氢作为航天飞机的燃料，我国也用液氢作为长征 2 号、长征 3 号的燃料。氢能在燃料电池领域的应用是发展氢能清洁利用的关键，燃料电池技术的发展使氢燃料电池汽车、分布式发电、氢燃料电池叉车以及应急电源的应用已接近产业化。

随着科学技术的发展，全球氢能源发展加速，中国、美国、欧盟、加拿大、日本等都制订了氢能发展规划。美国、日本、德国、丹麦等国家不断加大对氢能源研发、产业化的扶持推动力度。

在氢能领域，目前中国已取得多方面的进展。《国家中长期科学和技术发展规划纲要（2006—2020 年）》提出，要重点发展氢能的制造、运输、储存等技术。中国在氢能研究领域已经取得很多重要成果，是国际公认的最有可能首先实现氢燃料电池和氢能汽车产业化的国家之一，燃料电池、燃料汽车技术都已成熟。

可燃冰和页岩气

可燃冰（天然气水合物）作为一种环保新能源，是由水和天然气在高压、低温条件下混合而成的如同冰雪一样的固态物质。可燃冰中甲烷占 80%~99.9%，1 立方米的纯净可燃冰可以释放出 164 立方米的天然气，具有使用方便、燃烧值高、清洁无污染等特点。据现有的科技水平测算，这种世界公认的地球上尚未开发的储量最大的新型能源，其所含天然气的总资源量为 1.8 亿亿 ~2.1 亿亿立方米，其含碳量是全球已知煤、石油、天然气总碳量的两倍，仅海底可燃冰的储量就可以供人类使用 1000 年，与等热值煤炭相比，每千立方米气可分别减排二氧化碳约 4.33 吨、二氧化硫约 0.0483 吨，而且基本不含铅尘、硫化物、细颗粒物。我国可燃冰地质资源储量约为 102×10^{12} 立方米，比常规天然气地质资源量多约 400×10^{8} 吨标准煤，2030 年前后可实现商业化开发，有望成为我国未来主流的清洁能源。

作为清洁能源，页岩气的开发利用改变了能源产业结构。世界上对页岩气资源的研究和勘探开发最早始于美国，1981 年美国第一口页岩气井压裂成功，2013 年美国页岩气产量达到 3025×10^{18} 立方米，改变了美国的能源格局，提高了其在能源外交和应对气候变化等方面的主导权，对其经济复苏产生了深远影响。《全国页岩气资源潜力调查评价及有利区优选》指出，中国陆域页岩气地质资源潜力为 134.42 万亿立方米，可采资源潜力为 25.08 万亿立方米（不含青藏区），2016 年中国页岩气产量列美国、加拿大之后，达到 78.82 亿立方米。煤层气也是一种清洁能源，燃烧后很洁净，几乎不产生任何废气，全球煤层气资源量为 256.3 万亿立方米，其中俄罗斯、加拿大、中国、美国、澳大利亚五国占 90%。中国煤层气地质资源量约为 36.81 万亿立方米，与国内陆上常规天然气资源量相当。2017 年，我国首次在青海共和盆地 3705 米深处钻获 236℃的高温干热岩体，干热岩是地热资源中最具应用价值和利用潜力的清洁能源。

大力发展低碳能源产业

构建清洁低碳、安全高效的能源体系

推进能源生产和消费革命，构建清洁低碳、安全高效的能源体系，是在党的十九大报告中明确提出的目标。随着我国能源结构向清洁低碳模式的转变以及新发展理念和能源安全新战略的全面贯彻实施，我国的能源革命取得了令世界瞩目的成就。2020 年 12 月发布的《新时代的中国能源发展》白皮书显示，我国可再生能源开发利用规模快速扩大，水电、风电、光伏发电累计装机容量均居世界首位。

《“十四五”规划和 2035 年远景目标纲要》提出，推进能源革命，建设清洁低碳、安全高效的能源体系，提高能源供给保障能力。加快发展非化石能源，坚持集中式和分布式并举，大力提升风电、光伏发电规模，加快发展东中部分布式能源，有序发展海上风电，加快西南水电基地建设，安全稳妥推动沿海核电建设，建设一批多能互补的清洁能源基地，将非化石能源占能源消费总量比重提高到20%左右。推动煤炭生产向资源富集地区集中，合理控制煤电建设规模和发展节奏，推进以电代煤。有序放开油气勘探开发市场准入，加快深海、深层和非常规油气资源利用，推动油气“增储上产”。因地制宜开发利用地热能。提高特高压输电通道利用率。加快电网基础设施智能化改造和智能微电网建设，提高电力系统互补互济和智能调节能力，加强源网荷储衔接，提升清洁能源消纳和存储能力，提升向边远地区输配电能力，推进煤电灵活性改造，加快抽水蓄能电站建设和新型储能技术规模化应用。完善煤炭跨区域运输通道和集疏运体系，加快建设天然气主干管道，完善油气互联互通网络。

建设统一开放、竞争有序的能源市场体系丨一方面建立健全清洁能源参与市场化交易机制，积极推进电力现货市场建设；另一方面针对不同能源品种特点，搭建共享清洁能源平台，扩大市场化交易规模，最大化提高清洁能源利用率。目前，已成立国家级石油天然气交易中心，让市场决定价格，是我国能源市场深化改革的重要成果。此外，相继建立市场主体准入退出机制和以信用监管为核心的新型监管制度，售电公司和分布式电源、电储能企业等新型市场主体加入市场化交易，形成多元主体参与的竞争格局。

构建产学研用深度融合的技术创新体系丨一方面，以企业为主体、市场为导向，加强自主创新，重点围绕氢能等新能源生产消费、油气勘探开发等领域，集中攻克一批关键核心技术和装备，降低清洁能源生产成本，加速清洁能源技术转化，激发能源开发与利用活力；另一方面，建立完备的水电、核电、风电、太阳能发电等清洁能源装备制造产业链。2018 年，我国成功研发制造全球最大单机容量 100 万千瓦水电机组。2020 年 7 月，我国自主研发首台 10 兆瓦海上风电机组在福建福清市成功并网发电。这是目前单机容量亚洲最大、全球第二的海上风电机组，单台机组每年输送的清洁电能可满足 2 万个三口之家的用电需求，减少燃煤消耗 1.28 万吨、二氧化碳排放 3.35 万吨。

建立科学合理的能源资源利用体系 | 一方面，发展低碳经济，追求绿色 GDP 的发展模式，以能源技术和减排技术创新、产业结构和制度创新为核心，构建清洁能源结构，坚持能源消费总量和强度双控制度，加快油气“全国一张网”建设，升级高效节能设备，以市场化手段倒逼提升能效；另一方面，建设资源节约型社会，把节能优先方针贯穿经济社会发展全过程各领域，大力培育节能文化，倡导绿色生产生活方式。

构建现代低碳能源产业治理格局

在实施碳达峰、碳中和战略的背景下，推动能源革命既要立足眼前，满足现阶段的能源安全需求、配合抵达能源消费峰值，又要放眼长远，积极开启指向碳中和目标的机制创新、技术探索，探索从规模发展向技术进步转型的能源治理体系，以治理体系转型带动能源低碳转型。

加强能源法规制度体系建设 | 通过顶层设计、系统治理，完善财税、价格、金融、土地、政府采购等激励能源低碳转型政策，发挥财政政策的引导作用和市场的决定性作用，吸引社会资本参与低碳能源产业领域的投资。

加快能源结构低碳转型，发展低碳能源 | 这是能源供给侧改革、能源结构转型、降低碳排放的重要举措。大力发展循环经济，优化产业结构和能源结构，提高产业链供应链安全和现代化水平，推进清洁生产向低碳、零碳生产转型，实现能源生产和消费结构优化、能源科技创新驱动、多种能源互补与系统融合、生态环境保护和能源协调发展的低碳能源发展格局，进一步形成资源效率型、环境质量型、气候友好型生产生活方式。

推动能源资源高效配置、高效利用 | 一方面，严格能源消费总量和强度“双控”制度，多措并举、多领域协同，深入推进工业、建筑、交通、公共机构等重点领域低碳能源开发利用，着力提升新基建能效水平；另一方面，积极培育和引进高端技术服务机构，拓展服务内容，提升服务水平，为企业低碳、零碳技术开发和使用提供数字化、智慧型服务，形成以智慧科技推动能源发展新动能的发展格局。

提高可再生能源的消纳利用水平，统筹能源安全与低碳转

型的关系 | 从技术、政策以及金融等多层面进行创新，通过增加能源系统的“储、调”能力、加快终端电气化应用，大力发展氢能以及碳捕集、利用和封存技术等手段提升可再生能源高效友好发展。通过从集中式向分布式、数字化以及氢能的发展，实现储能成本大幅降低、储能系统安全可靠以及储能控制系统智能化发展模式。通过风电、光伏、水电、火电和氢能及储能相融合，火电、化工、建筑、交通运输等传统产业和可再生能源、氢能、储能等新兴产业相结合，助推低碳能源产业增长动力，实现可再生能源“扩容降本增效”。

“碳达峰、碳中和”目标推进能源革命进入新时代

2020 年 12 月，《新时代的中国能源发展》白皮书全面阐述了新时代新阶段我国能源安全发展战略的主要政策和重大举措。党的十八大以来，我国持续推进能源革命，低碳能源逐步实现规模发展，能源生产和消费利用方式发生重大变革，能源利用效率显著提高，能源安全保障能力持续增强，基本形成了多轮驱动的能源稳定供应体系，建立了完备的清洁能源装备制造产业链，水电、风电、太阳能发电累计装机规模均位居世界首位，以能源消费年均 2.8% 的增长支撑了国民经济年均 7% 的增长。核能、风能、太阳能等新能源发电逐步取代传统的煤炭火力发电，太阳能、氢能等低碳能源深入城市农村，深入家家

户户，逐步代替石油、天然气等化石能源，生产生活用能条件明显改善，为服务经济高质量发展、打赢脱贫攻坚战和全面建成小康社会提供了重要支撑。

实施碳达峰、碳中和战略，推动我国能源革命进入新阶段。就能源供给端来看，以电力为主的低碳能源结构将逐渐取代石油、煤炭等高碳能源结构。目前我国新能源发电在全网总装机中的占比持续提高，由于风电、光电等新能源具有地域性特点，运输端的特高压、智能电网等设施将在新一轮能源革命中扮演重要角色。绿色低碳生产生活方式的构建，在很大程度上促进了需求端电动汽车、动力电池等新能源产业链的崛起。我国通过逐步建立完善低碳能源"生产—传输—利用"循环体系，最大限度地保障了高于平均消费水平的能源供应，最大限度降低了低碳能源的单位成本与系统成本，逐步实现能源结构"清洁化—节约化—低碳化"转型。

实现"碳达峰、碳中和"目标，需要立足长远发展规划，以低碳思维和发展的视角部署未来能源的开发与利用，通过强有力的政策引导、先进材料和工程技术研发以及智能化、大数据的应用，提高技术进步和成本效率，以增量促改革，以改革转存量，进一步提高公众的节能环保意识，共同担负起时代的重任，推进能源产业绿色转型，促成这场更高效、更经济、更低碳的能源变革。

第十章

碳达峰、碳中和与新型城镇化

碳排放的大量增加与工业化、城市化进程的加快有密切关系，在全球实施碳达峰、碳中和战略的背景下，我国新型城镇化建设要按照城乡的“生态位”进行合理优化布局，发展壮大城市群和都市圈，分类引导大、中、小城市发展方向和建设重点，形成疏密有致、分工协作、功能完善的城镇化空间格局，同时保护与提升城镇生态系统碳汇。《“十四五”规划和2035年远景目标纲要》提出，推动城市群一体化发展，建设现代化都市圈，优化提升超大、特大城市中心城区功能，完善大中城市宜居宜业功能，推进以县城为重要载体的城镇化建设。

碳达峰、碳中和背景下城镇化空间布局

“两横三纵”城镇化空间格局

“两横三纵”城镇化战略格局是《“十四五”规划和2035年远景目标纲要》提出的明确要求，这样的城镇化空间布局，有助于完善新型城镇化战略、提升城镇化发展质量。

“两横三纵”是以陆桥通道、沿长江通道为两条横轴，以沿海、京哈京广、包昆通道为三条纵轴，以主要的城市群为支撑，以轴线上的城市和其他城市化地区为重要组成部分的城镇化战略格局。

“两横三纵”的城镇化战略格局有助于降低东部沿海特大城市的开发强度，帮助西部地区发展成为新的经济增长极。

我国沿海地区经济发达，打造环渤海经济圈、东海经济圈、南海经济圈能使东部地区继续引领全国经济的发展。环渤海经济圈是以首都圈为核心、以山东半岛和辽中南地区为两翼的经济圈，是我国的重工业和化学工业基地，科技力量雄厚，资源、市场和政治比较优势明显，在全国和区域经济中起服务、集聚、辐射和带动的作用；东海经济圈依托长三角经济圈和海峡西岸经济圈，是全球重要的先进制造业基地和亚太地区重要国际门户，是我国综合实力最强的经济中心、新兴产业的聚集区，经济实力全国领先，教育科技发达，社会发展均衡，引领着全国经济发展的方向；南海经济圈包括珠三角经济圈和北部湾经济圈，珠三角地区经济发达，是我国重要的经济中心和制造业基地，新兴产业发达，城乡差别小，是我国改革开放的先行区，北部湾经济区是区域合作中心和中国—东盟开放合作的物流基地、商贸基地、加工制造基地和信息交流中心，服务“三南”（西南、华南和中南）、沟通东中西、面向东南亚，其进一步发展对推动沿海经济有重要作用。

京津冀协同发展

京津冀包括北京市、天津市、河北省，国土面积约 21.6 万平方千米，约占全国的 2.25%。截至 2020 年，京津冀常住人口 1.1 亿，约占全国的 7.65%，地区生产总值 8.64 万亿元，约占全国的 8.5%。北京的政治地位突出，文化底蕴深厚，科技创新领先，人才资源密集，国际交往密切，天津的港口优势明显，制造业发达，发展潜力大。河北的自然资源丰富，产业基础较好，人力资源相对充沛，发展空间广阔。三地的优势能够互补。

2015 年 6 月，中共中央、国务院印发实施了《京津冀协同发展规划纲要》，描绘了京津冀协同发展的宏伟蓝图。京津冀协同发展战略的核心是有序疏解北京非首都功能，降低人口密度，实现城市发展与资源环境相适应，调整经济结构和空间结构，走出一条内涵集约发展的新路子，促进区域协调发展，形成新增长极。北京市要建成全国政治中心、文化中心、国际交往中心、科技创新中心；天津市要建成全国先进制造研发基地、北方国际航运核心区、金融创新运营示范区、改革开放先行区；河北省要建成全国现代商贸物流重要基地、产业转型升级试验区、新型城镇化与城乡统筹示范区、京津冀生态环境支撑区。

2017 年 4 月，中共中央、国务院印发通知，决定设立河北雄安新区。雄安新区规划范围地处北京、天津、河北保定腹地，区位优势明显，交通便捷通畅，生态环境优良，资源环境承载能力较强，现有开发程度较低，发展空间充裕。作为继深圳经济特区和上海浦东新区之后的第三代新城区的代表，雄安新区定位为绿色生态宜居新城区、创新驱动发展引领区、协调发展示范区和开放发展先行区，对于集中疏解北京非首都功能，探索人口经济密集地区优化开发新模式，调整优化京津冀城市布局和空间结构，培育创新驱动发展新引擎，具有重大现实意义和深远历史意义。

《“十四五”规划和 2035 年远景目标纲要》提出，加快推动京津冀协同发展。紧抓疏解北京非首都功能“牛鼻子”，构建功能疏解政策体系，实施一批标志性疏解项目。高标准高质量建设雄安新区，加快启动区和起步区建设，推动管理体制创新。高质量建设北京城市副中心，促进与河北省三河、香河、大厂三县市的一体化发展。推动天津市滨海新区高质量发展，支持河北省张家口市首都水源涵养功能区和生态环境支撑区建设。提高北京科技创新中心基础研究和原始创新能力，发挥中关村国家自主创新示范区先行先试作用，推动京津冀产业链与创新链深度融合。基本建成轨道上的京津冀，提高机场群、港口群协同水平。深化大气污染联防联控联治，强化华北地下水超采及地面沉降综合治理。

近年来，京津冀发展取得巨大进展。轨道交通的发展使三地空间的“一体化”向时间的“同城化”转变，生态保护协同取得突破性进展，产业结构优化升级和实现创新驱动发展获得成功，有效地实现了京津冀优势互补，促进环渤海经济区发展，带动了北方腹地高质量发展。

长三角一体化发展

长江三角洲地区包括上海市、江苏省、浙江省、安徽省，国土面积 35.8 万平方千米，约占全国的 3.73%，截至 2020 年，长三角地区常住人口 2.35 亿，约占全国的 16.3%，地区生产总值 24.47 万亿元，约占全国的 24.1%。长三角地区经济发达，是我国经济综合实力最强的区域，在国家经济发展中具有举足轻重的地位。

2008 年 9 月，国务院印发了《关于进一步推进长江三角洲地区改革开放和经济社会发展的指导意见》，进一步推进长三角地区的改革开放和经济社会发展。2010 年 5 月，国务院正式批准实施《长江三角洲地区区域规划》，明确了长江三角洲地区发展的战略定位，把长三角建设成为亚太地区重要的国际门户、全球重要的现代服务业和先进制造业中心、具有较强国际竞争力的世界级城市群，提出形成以上海为核心，沿沪宁和沪杭甬线、沿江、沿湾、沿海、沿宁湖杭线、沿湖、沿东陇海线、沿运河、沿温丽金衢线为发展带的“一核九带”空间格局，推动区域协调发展。

2019 年 12 月，中共中央、国务院印发了《长江三角洲区域一体化发展规划纲要》，提出把长三角建设成为全国发展强劲活跃增长极、全国高质量发展样板区、率先基本实现现代化引领区、区域一体化发展示范区、新时代改革开放新高地（“一极三区一高地”）。通过强化区域联动发展、加快都市圈一体化发展、促进城乡融合发展、推进跨界区域共建共享，推动形成区域协调发展新格局；通过构建区域创新共同体、加强产业分工协作、推动产业与创新深度融合，加强协同创新产业体系建设；通过协同建设一体化综合交通体系、共同打造数字长三角、协同推进跨区域能源基础设施建设、加强省际重大水利工程建设，提升基础设施互联互通水平；通过共同加强生态保护、推进环境协同防治、推动生态环境协同监管，强化生态环境共保联治；通过推进公共服务标准化便利化、共享高品质教育医疗资源、推动文化旅游合作发展、共建公平包容的社会环境，加快公共服务便利共享；通过共建高水平开放平台、协同推进开放合作、合力打造国际一流营商环境，推进更高水平协同开放；通过建立规则统一的制度体系、促进要素市场一体化、完善多层次多领域合作机制，创新一体化发展体制机制；通过打造生态友好型一体化发展样板、创新重点领域一体化发展制度、加强改革举措集成创新、引领长三角一体化发展，高水平建设长三角生态绿色一体化发展示范区；通过打造更高水平自由贸易试验区、推进投资贸易自由化便利化、完善配套制度和监管体系、带动长三角新一轮改革开放，高标准建设上海自由贸易试验区新片区。到 2025 年，长三角一体化发展将取得实质性进展，城乡区域协调发展格局基本形成，科创产业融合发展体系基本建立，基础设施互联互通基本实现，生态环境共保联治能力显著提升，公共服务便利共享水平明显提高。一体化体制机制更加有效。到 2035 年，长三角一体化发展达到较高水平。现代化经济体系基本建成，城乡区域差距明显缩小，公共服务水平趋于均衡，基础设施互联互通全面实现，人民基本生活保障水平大体相当，一体化发展体制机制更加完善，整体达到全国领先水平，成为最具影响力和带动力的强劲活跃增长极。

《“十四五”规划和2035年远景目标纲要》提出，提升长三角一体化发展水平。瞄准国际先进科创能力和产业体系，加快建设长三角G60科创走廊和沿沪宁产业创新带，提高长三角地区配置全球资源能力和辐射带动全国发展能力。加快基础设施互联互通，实现长三角地级及以上城市高铁全覆盖，推进港口群一体化治理。打造虹桥国际开放枢纽，强化上海自贸试验区临港新片区开放型经济集聚功能，深化沪苏浙皖自贸试验区联动发展。加快公共服务便利共享，优化优质教育和医疗卫生资源布局。推进生态环境共保联治，高水平建设长三角生态绿色一体化发展示范区。

2020年9月，长三角地区生态环境行政处罚裁量基准一体化实施，开启了“三省一市”生态环境协同监管、查处环境违法行为的时代，长三角一体化在生态环境领域首先突破。长三角一体化发展战略实施以来，“三省一市”从基础设施到公共服务一体化进程加快，“数字长三角”领跑全国；首个跨省流域生态补偿机制试点“新安江模式”正在推广，沪苏浙毗邻区域的“联合河长制”步入常态化运行，长三角区域大气和水污染防治协作机制日益成熟；“三省一市”一些行政审批事项跨省（市）“秒办”。2021年2月19日起，上海、浙江、江苏、安徽（合肥）的户籍居民在长三角区域内跨省迁移户口时，实现“一地办理、网上迁移”。

粤港澳大湾区建设

粤港澳大湾区包括香港特别行政区、澳门特别行政区和珠三角九市（广州市、深圳市、珠海市、佛山市、惠州市、东莞市、中山市、江门市、肇庆市），总面积5.6万平方千米。截至2019年，粤港澳大湾区常住人口7264.92万，其中珠三角九市6446.89万人、香港750.07万人、澳门67.96万人。2019年，粤港澳大湾区GDP总量达11.6万亿元。粤港澳大湾区是世界级的制造基地，是我国开放程度最高、经济活力最强的区域之一，也是我国成熟度最高的湾区，在国家发展大局中具有重要战略地位。

2019年2月，中共中央、国务院印发了《粤港澳大湾区发展规划纲要》，提出把粤港澳大湾区建设成为充满活力的世界级城市群、具有全球影响力的国际科技创新中心、“一带一路”建设的重要支撑、内地与港澳深度合作示范区、宜居宜业宜游的优质生活圈。通过构建极点带动和轴带支撑网络化空间格局、完善城市群和城镇发展体系、辐射带动泛珠三角区域发展，构建结构科学、集约高效的大湾区发展格局；通过构建开放型区域协同创新共同体、打造高水平科技创新载体和平台、优化区域创新环境，建设国际科技创新中心；通过构建现代化的综合交通运输体系、优化提升信息基础设施、建设能源安全保障体系、强化水资源安全保障，加快基础设施互联互通；通过加快发展先进制造业、培育壮大战略性新兴产业、加快发展现代服务业、大力发展海洋经济，构建具有国际竞争力的现代产业体系；通过打造生态防护屏障、加强环境保护和治理、创新绿色低碳发展模式，推进生态文明建设；通过打造教育和人才高地、共建人文湾区、构筑休闲湾区、拓展就业创业空间、塑造健康湾区、促进社会保障和社会治理合作，建设宜居宜业宜游的优质生活圈；通过打造具有全球竞争力的营商环境、提升市场一体化水平、携手扩大对外开放，紧密合作共同参与“一带一路”建设；通过优化提升深圳前海深港现代服务业合作区功能、打造广州南沙粤港澳全面合作示范区、推进珠海横琴粤港澳深度合作、发展特色合作平台，共建粤港澳合作发展平台。到2022年，粤港澳大湾区综合实力显著增强，粤港澳合作更加深入广泛，区域内生产发展动力进一步提升，发展活力充沛、创新能力突出、产业结构优化、要素流动顺畅、生态环境优美的国际一流湾区和世界级城市群框架基本形成。到2035年，大湾区形成以创新为主要支撑的经济体系和发展模式，经济实力、科技实力大幅跃升，国际竞争力、影响力进一步增强；大湾区内市场高水平互联互通基本实现，各类资源要素高效便捷流动；区域发展协调性显著增强，对周边地区的引领带动能力进一步提升；人民生活更加富裕；社会文明程度达到新高度，文化软实力显著增强，中华文化影响更加广泛深入，多元文化进一步交流融合；资源节约集约利用水平显著提高，生态环境得到有效保护，宜居宜业宜游的国际一流湾区全面建成。

《“十四五”规划和2035年远景目标纲要》提出，积极稳妥推进粤港澳大湾区建设。加强粤港澳产学研协同发展，完善广深港、广珠澳科技创新走廊和深港河套、粤澳横琴科技创新极点“两廊两点”架构体系，推进综合性国家科学中心建设，便利创新要素跨境流动。加快城际铁路建设，统筹港口和机场功能布局，优化航运和航空资源配置。深化通关模式改革，促进人员、货物、车辆便捷高效流动。扩大内地与港澳专业资格互认范围，深入推进重点领域规则衔接、机制对接。便利港澳青年到大湾区内地城市就学就业创业，打造粤港澳青少年交流精品品牌。

长江经济带发展

长江是我国第一大水系，方便的水上交通自古以来就是内连中原、外接世界的大动脉，是横贯东、中、西三大地带的产业轴线。

长江经济带覆盖上海、江苏、浙江、安徽、江西、湖北、湖南、重庆、四川、云南、贵州11个省市，面积约205.23万平方千米，约占全国的21.4%。截至2020年，长江经济带常住人口约6.06亿，约占全国的42%，地区生产总值约47.16万亿元，约占全国的46.42%。长江经济带横跨中国东中西三大区域，综合实力较强、生态地位重要、发展潜力巨大。

上游的成渝经济圈是我国西部人口最为稠密、产业最为集中、城镇密度最高的区域，是长江上游生态屏障和我国重要的能源、重型装备制造、国防科技工业、互联网技术、特色农副产品加工基地；长江中游经济区包括武汉经济区、长株潭经济区和昌九经济区，是我国重要的农业、深加工工业基地和原材料、汽车工业和交通设备工业基地；下游的长江三角洲是我国经济最发达的地区和对外交流的桥头堡，上海的“国际经济、金融、贸易、航运”中心更使长三角经济拥有得天独厚的优势。提升长三角、长江中游、成渝三大经济区功能，修复长江生态环境，推动长江上中下游协同发展、东中西部互动合作，才能把长江经济带建设成为我国生态文明建设的先行示范带、创新驱动带、协调发展带，有效促进上、中、下游地区之间互补互促的横向经济联系，实现流域经济一体化，带动和促进整个流域经济的发展。

2014 年 9 月，国务院印发了《关于依托黄金水道推动长江经济带发展的指导意见》，提出将长江经济带建设成为具有全球影响力的内河经济带、东中西互动合作的协调发展带、沿海沿江沿边全面推进的对内对外开放带和生态文明建设的先行示范带。

2016 年 9 月，《长江经济带发展规划纲要》正式印发，确立了长江经济带“一轴、两翼、三极、多点”的发展新格局。

"一轴"是以长江黄金水道为依托，推动经济由沿海溯江而上梯度发展；"两翼"分别指沪瑞和沪蓉南北两大运输通道，这是长江经济带的发展基础；"三极"指的是长江三角洲城市群、长江中游城市群和成渝城市群，充分发挥中心城市的辐射作用，打造长江经济带的三大增长极；"多点"是指发挥三大城市群以外地级城市的支撑作用。长江经济带发展坚持生态优先、绿色发展，共抓大保护，不搞大开发，走出一条绿色低碳循环发展的道路。到2020年，生态环境明显改善；基本建成衔接高效、安全便捷、绿色低碳的综合立体交通走廊；培育形成一批世界级的企业和产业集群；基本形成全方位对外开放新格局；基本建立以城市群为主体形态的城镇化战略格局，人民生活水平显著提升；重点领域和关键环节改革取得重要进展，协调统一、运行高效的长江流域管理体制全面建立，统一开放的现代市场体系基本建立；基本形成引领全国经济社会发展的战略支撑带。到2030年，水环境和水生态质量全面改善，生态系统功能显著增强，水脉畅通、功能完备的长江全流域黄金水道全面建成，创新型现代产业体系全面建立，上中下游一体化发展格局全面形成，生态环境更加美好，经济发展更具活力，人民生活更加殷实，在全国经济社会发展中发挥更加重要的示范引领和战略支撑作用。

2017年6月，工业和信息化部等五部门印发了《关于加强长江经济带工业绿色发展的指导意见》，就保护长江流域生态环境、实现绿色增长做出部署；2017年7月，环境保护部等三部门印发了《长江经济带生态环境保护规划》，对长江经济带的生态环境保护做出规划。

《“十四五”规划和2035年远景目标纲要》提出，全面推动长江经济带发展。坚持生态优先、绿色发展和共抓大保护、不搞大开发，协同推动生态环境保护和经济发展，打造人与自然和谐共生的美丽中国样板。持续推进生态环境突出问题整改，推动长江全流域按单元精细化分区管控，实施城镇污水垃圾处理、工业污染治理、农业面源污染治理、船舶污染治理、尾矿库污染治理等工程。深入开展绿色发展示范，推进赤水河流域生态环境保护。实施长江10年禁渔。围绕建设长江大动脉，整体设计综合交通运输体系，疏解三峡枢纽瓶颈制约，加快沿江高铁和货运铁路建设。发挥产业协同联动整体优势，构建绿色产业体系。保护好长江文物和文化遗产。

黄河流域生态保护和高质量发展

黄河是中国第二长河，横跨我国东中西三大区域，建立以黄河为纽带、以新亚欧大陆桥为依托的区域经济区对于实施“一带一路”倡议有重要作用。

黄河流经青海、四川、甘肃、宁夏、内蒙古、陕西、山西、河南、山东9个省区，流域面积约79.5万平方千米，约占全国的8.4%。截至2020年，黄河流域省份常住人口约4.2亿，约占全国的29.2%，地区生产总值约25.4万亿元，约占全国的25%。黄河流域是我国重要的生态屏障和重要的经济地带，黄河流域生态保护和高质量发展在我国经济社会发展和生态安全方面具有十分重要的地位。

黄河上游经济区（以兰州、西宁、银川3个城市为核心的经济区）资源丰富、区域科技实力较强、农业条件较好、工业基础相对雄厚；黄河中游经济区是我国重要的煤炭、天然气、水能、钢铁工业、有色金属工业等基地；下游的黄河三角洲石油资源丰富，人口稠密，经济发达。建设黄河经济带，对于发挥其自然资源、历史文化、产业合作等方面的优势，实现生态保护、推动经济高质量和区域平衡发展、促进民族团结等有着重要的意义。

黄河流域生态保护和高质量发展是一项重大的国家战略，《黄河流域生态保护和高质量发展规划纲要》的制定和实施，有助于统筹推进山水林田湖草沙综合治理、系统治理、源头治理，改善黄河流域生态环境，优化水资源配置，促进全流域高质量发展，改善人民群众生活，保护、传承和弘扬黄河文化，让黄河成为造福人民的幸福河。

《“十四五”规划和2035年远景目标纲要》提出，扎实推进黄河流域生态保护和高质量发展。加大上游重点生态系统保护和修复力度，筑牢三江源“中华水塔”，提升甘南、若尔盖等区域水源涵养能力。创新中游黄土高原水土流失治理模式，积极开展小流域综合治理、旱作梯田和淤地坝建设。推动下游二级悬河治理和滩区综合治理，加强黄河三角洲湿地保护和修复。开展汾渭平原、河套灌区等农业面源污染治理，清理整顿黄河岸线内工业企业，加强沿黄河城镇污水处理设施及配套管网建设。实施深度节水控水行动，降低水资源开发利用强度。合理控制煤炭开发强度，推进能源资源一体化开发利用，加强矿山生态修复。优化中心城市和城市群发展格局，统筹沿黄河县城和乡村建设。实施黄河文化遗产系统保护工程，打造具有国际影响力的黄河文化旅游带。建设黄河流域生态保护和高质量发展先行区。

海南全面深化改革开放

海南省位于中国最南端，是全国面积最小的省，是我国最大的经济特区和自由贸易试验区。全省陆地总面积 3.54 万平方千米，海域面积约 200 万平方千米。截至 2020 年，海南省常住人口 1008.12 万，约占全国的 0.7%，地区生产总值 5532.39 亿元，约占全国的 0.54%。海南省的战略地位非常重要，对国家的未来发展具有十分重要的意义。

1988 年 4 月，海南省和海南经济特区同时成立。2010 年 1 月，国务院印发了《关于推进海南国际旅游岛建设发展的若干意见》，将国际旅游岛建设上升为国家战略。

2018 年 4 月，中共中央、国务院印发了《关于支持海南全面深化改革开放的指导意见》，提出推动海南形成全面开放新格局，在海南全境建设自由贸易试验区，把海南建设成为全面深化改革开放试验区、国家生态文明试验区、国际旅游消费中心和国家重大战略服务保障区。

2018 年 9 月，国务院印发了《中国（海南）自由贸易试验区总体方案》，提出发挥海南岛全岛试点的整体优势，紧紧围绕建设全面深化改革开放试验区、国家生态文明试验区、国际旅游消费中心和国家重大战略服务保障区，实行更加积极主动的开放战略，加快构建开放型经济新体制，推动形成全面开放新格局，把海南打造成为我国面向太平洋和印度洋的重要对外开放门户。

2020 年 6 月，中共中央、国务院印发了《海南自由贸易港建设总体方案》，提出了贸易自由便利、投资自由便利、跨境资金流动自由便利等 11 个方面、共 39 条具体政策，把海南岛打造成具有较强国际影响力的高水平自由贸易港。到 2025 年，初步建立以贸易自由便利和投资自由便利为重点的自由贸易港政策制度体系；到 2035 年，自由贸易港制度体系和运作模式更加成熟；到本世纪中叶，全面建成具有较强国际影响力的高水平自由贸易港。

《“十四五”规划和 2035 年远景目标纲要》提出，稳步推进海南自由贸易港建设，以货物贸易“零关税”、服务贸易“既准入又准营”为方向推进贸易自由化便利化，大幅放宽市场准入，全面推行“极简审批”投资制度，开展跨境证券投融资改革试点和数据跨境传输安全管理试点，实施更加开放的人才、出入境、运输等政策，制定出台《海南自由贸易港法》，初步建立中国特色自由贸易港政策和制度体系。

海南全面深化改革开放取得了巨大进展。我国首个市场准入特别措施落地海南自由贸易港，金融业对外开放措施不断推出，与高水平自由贸易港相适应的政策制度体系正在完善，原辅料、交通工具及游艇、自用生产设备等三类商品的“零关税”清单均已出台实施，服务业增加值比重突破60%，投资占GDP比重下降到62.7%；海南同时开放客运和货运第七航权，海南博鳌机场升级为国际口岸；2020年，海南新设外商投资企业同比增长197.3%，洋浦港集装箱吞吐量实现100万标准箱的历史性突破……

城市群

改革开放以来，中国经济的快速发展形成了大量的城市群。哈长城市群、辽中南城市群、京津冀城市群、山东半岛城市群、中原城市群、长三角城市群、长江中游城市群、粤闽浙沿海城市群、珠三角城市群、北部湾城市群、滇中城市群、黔中城市群、成渝城市群、天山北坡城市群、兰州—西宁城市群、宁夏沿黄城市群、关中平原城市群、呼包鄂榆城市群、山西中部城市群的形成，推动了国家重大区域战略融合发展和区域板块之间融合互动发展，建立了以中心城市引领城市群发展、城市群带动区域发展新模式。

《“十三五”规划纲要》提出，优化提升东部地区城市群，培育中西部地区城市群，形成更多支撑区域发展的增长极，通过把城市群建设作为优化国土空间开发格局的主体形态，构筑绿色、高效、协调的国土空间开发格局。

《“十四五”规划和2035年远景目标纲要》提出，推动城市群一体化发展，建设现代化都市圈，优化提升超大特大城市中心城区功能，完善大中城市宜居宜业功能，推进以县城为重要载体的城镇化建设。建立健全城市群一体化协调发展机制和成本共担、利益共享机制，统筹推进基础设施协调布局、产业分工协作、公共服务共享、生态共建环境共治。优化城市群内部空间结构，构筑生态和安全屏障，形成多中心、多层级、多节点的网络型城市群。

生态文明试验区

早在20世纪90年代中期，全国生态示范创建工作就已经开始。从生态示范区到生态村、环境优美乡镇、生态县、生态市、生态省的生态示范系列创建活动呈现出蓬勃发展的态势。生态文明示范工程试点、海洋生态文明建设示范区、水生态文明建设试点、国家生态文明建设试点示范区、国家生态文明先行示范区、生态保护与建设示范区、国家生态文明建设示范区、水生态文明城市建设工作广泛开展。

《生态文明体制改革总体方案》明确提出，要将各部门自行开展的综合性生态文明试点统一为国家试点试验，各部门要根据各自职责予以指导和推动。《“十三五”规划纲要》指出，要设立统一规范的国家生态文明试验区。

2016 年 8 月，中共中央办公厅、国务院办公厅印发了《关于设立统一规范的国家生态文明试验区的意见》《国家生态文明试验区（福建）实施方案》。《关于设立统一规范的国家生态文明试验区的意见》提出，要以改善生态环境质量、推动绿色发展为目标，以体制创新、制度供给、模式探索为重点，设立统一规范的国家生态文明试验区。福建省、江西省和贵州省被列为首批国家生态文明试验区。2017 年 9 月，中共中央办公厅、国务院办公厅印发了《国家生态文明试验区（江西）实施方案》《国家生态文明试验区（贵州）实施方案》。2019 年 5 月，中共中央办公厅、国务院办公厅印发了《国家生态文明试验区（海南）实施方案》。

2017 年 9 月—2020 年 10 月，生态环境部（含原环境保护部）共发布了 4 批生态文明建设示范市县和“绿水青山就是金山银山”实践创新基地，共有 262 个市县被授予国家生态文明建设示范市县称号、87 个地区被命名为“绿水青山就是金山银山”实践创新基地。2019 年 9 月，生态环境部修订了《国家生态文明建设示范市县建设指标》《国家生态文明建设示范市县管理规程》，制定了《“绿水青山就是金山银山”实践创新基地管理规程（试行）》。2020 年，浙江省通过生态环境部组织的国家生态省建设试点验收成为中国首个生态省。

《“十三五”生态环境保护规划》提出，推进国家生态文明试验区建设，积极推进绿色社区、绿色学校、生态工业园区等“绿色细胞”工程。

《“十四五”规划和 2035 年远景目标纲要》提出，深化生态文明试验区建设。

新型城镇化要重新定位城乡的生态位

城乡“生态位”的重新定位

现代城市、城镇、乡村与传统意义上的城市、城镇、乡村有所不同。在“自然—社会—经济”这个复合生态系统中，城市、城镇、乡村的“生态位”各不相同，有着其不同的结构、功能和发展规律，要更具各自的特点，建设生态环境良好、安全指数高、生活便利舒适、社会文明程度高、经济富裕、美誉度高的城市、城镇和乡村。

城乡“生态位”不同，碳排放的方式也各异，要依据生态学意义上的治理路径，使城市、城镇、乡村在实现碳达峰、碳中和目标中发挥各自的作用。截至 2020 年，我国居住在城镇的人口占全国总人口的 63.89%，居住在乡村的人口占全国总人口的 36.11%。

城市是以服务业和非农业人口集聚形成的人工生态系统，

主要功能是管理、服务、创新、协调、集散、生产。中心城市具有综合、主导功能，引领全国或区域的环境、经济、政治、文化、社会发展。

城镇是具有一定规模工商业的以非农业人口为主的居民点和工业产业园区。城镇居民点以居住为主，主要功能是管理、服务、协调等，作为城乡交流的平台，带动农村经济的发展；工业产业园区是一种新型的城镇，汇集各种生产要素，包括各类经济开发区等，其功能主要是管理、服务、集聚，不同于传统意义上的城镇。

乡村的主要功能是生产和服务，一方面作为农业生产的基地为人类提供食物和休闲服务，另一方面作为农业人口的聚居区域也是一个相对完整的自然生态系统和人工生态系统的结合体。

《关于全面推进乡村振兴加快农业农村现代化的意见》提出，加快县域内城乡融合发展，推进以人为核心的新型城镇化，促进大中小城市和小城镇协调发展。

《“十四五”规划和2035年远景目标纲要》提出，以县域为基本单元推进城乡融合发展，强化县城综合服务能力和乡镇服务农民功能。健全城乡融合发展体制机制，发挥国家城乡融合发展试验区、农村改革试验区示范带动作用。

《中华人民共和国乡村振兴促进法》提出，整体筹划城镇和乡村发展，科学有序统筹安排生态、农业、城镇等功能空间，优化城乡产业发展、基础设施、公共服务设施等布局，逐步健全全民覆盖、普惠共享、城乡一体的基本公共服务体系，加快县域城乡融合发展，促进农业高质高效、乡村宜居宜业、农民富裕富足。

只有准确把握城乡“生态位”，才能在全球气候行动中，通过加快城镇能源体系绿色低碳转型、推进城镇环境基础设施建设升级、提升城镇交通基础设施绿色发展水平、改善城乡人居环境，推动城镇基础设施绿色升级，减少碳排放总量和降低碳排放强度，最终实现碳达峰、碳中和的目标。

智慧城市有效降低碳排放

智慧城市是智能化的数字城市，是数字城市功能的一种延伸、拓展和升华，它通过物联网把物理城市与数字城市无缝联结起来，利用云计算技术对实时感知的大数据进行处理并提供智能化服务。当前，智慧城市的应用项目主要是智慧公共服务、智慧城市综合体、智慧政务城市综合管理运营平台、智慧安居服务、智慧教育文化服务、智慧服务应用、智慧健康保障体系建设和智慧交通。

2012 年 12 月，住房和城乡建设部正式发布了“关于开展国家智慧城市试点工作的通知”，并印发了《国家智慧城市试点暂行管理办法》《国家智慧城市（区、镇）试点指标体系（试行）》两个文件，推进我国智慧城市建设。2014年8月，国家发展改革委等八部门联合印发了《关于促进智慧城市健康发展的指导意见》。2016年11月，国家发展改革委、中央网信办、国家标准委发布了《关于组织开展新型智慧城市评价工作务实推动新型智慧城市健康快速发展的通知》，同时下发《新型智慧城市评价指标（2016）》，评价指标包括惠民服务、精准治理、生态宜居、智能设施、信息资源、网络安全、改革创新、市民体验8个一级指标和21个二级指标、54个二级指标分项。

《"十四五"规划和2035年远景目标纲要》提出，转变城市发展方式、推进新型城市建设、提高城市治理水平、完善住房市场体系和住房保障体系，推动城市空间结构优化和品质提升。

目前，全球启动或在建的智慧城市达1000多个，中国已制订智慧城市建设计划或正在开展相关工作的城市约有500个。北京、上海、广州、深圳、杭州、重庆、武汉等城市成为2017—2018年度中国最具影响力智慧城市。

世界银行的预测显示，建成一个百万人口以上的智慧城市，如果投入一定，城市的发展红利将因实施全方位的信息管理增加2.5~3倍，用持续发展的目标建设智慧城市发展红利将可达4倍左右，智慧城市引领未来城市发展的方向。

智慧城市是智慧地球的重要内容之一，是建设生态文明城市的重要管理手段，也是建设生态文明城市的重要内容，不仅可以促进传统行业转型升级、增强企业核心竞争力、提高公共管理水平、提升居民生活质量、推进新型城镇化进程，更重要的是能够促进经济结构向信息服务业的低碳转型，催生和带动新产业发展。

生态城镇实现碳达峰、碳中和

城镇上连中心城市，下接乡村，对承接产业资本转移、优化资源配置、保护生态环境、调整区域产业结构、转移农村富余劳动力有大中城市所不能发挥的重要作用。城镇化是“以城带镇”“以镇带村”，其生产方式极大地影响着乡村的生态环境。传统城镇化是工业文明的产物，是一条与生态文明建设背道而驰的发展之路。当前，对城镇化的理解存在着严重的误区，“城镇化 = 进城”的错误导向不仅给环境与生态造成难以估量的损失，而且使转嫁城市危机的乡土社会出现没落，农业开始衰退，农民陷入贫困。

工业化的城镇化在中国已日见疲态，必须赋予城镇化新的内涵，走生态城镇化之路。生态文明的城镇化是要对工业文明下的城镇化进行脱胎换骨的革命，在中国的广大城镇形成一条超越传统模式的具有本地特色的城镇化之路。生态城镇的建设，在降低碳排放的同时，更重要的是在城镇型的工业产业园区中，利用现代科技对排放的二氧化碳进行循环利用。

生态城镇建设的核心是人与自然的和谐共生，从根本上保护广大农民的利益，在公正的制度下享受公共产品，保障我国的粮食安全，保护生态环境。建设生态城镇不是追求城镇的扩大，而是符合自然生态循环的规律，建立一个区域生态循环系统和智慧城镇，带动传统乡村社会的回归进而向生态农村的发展。当前，城镇化的重点是将“生产—交换—消费—分解—还原—再生”环节重新贯通起来，形成一种“低耗高效”生态产业发展模式，带动农业经济的发展和生态农业的推广。尤其要注意承接产业资本转移的城镇型工业开发区的发展，通过大力发展生态工业，走清洁生产之路，发展循环经济，进一步减少碳排放，用生态文明的发展模式破解工业文明“先污染后治理”的发展规律。

《关于深入推进新型城镇化建设的若干意见》《“十三五”国家科技创新规划》《关于加快美丽特色小（城）镇建设的指导意见》《“十三五”促进民族地区和人口较少民族发展规划》《全国国土规划纲要（2016—2030年）》《关于深入推进农业供给侧结构性改革 加快培育农业农村发展新动能的若干意见》《关于规范推进特色小镇和特色小城镇建设的若干意见》《关于建立特色小镇和特色小城镇高质量发展机制的通知》等，就新型城镇化、特色村镇建设提出了规范性的意见。

《关于加快建立健全绿色低碳循环发展经济体系的指导意见》提出，改善城乡人居环境，相关空间性规划要贯彻绿色发展理念。

《“十四五”规划和2035年远景目标纲要》提出，全面形成“两横三纵”城镇化战略格局，完善新型城镇化战略，提升城镇化发展质量。坚持走中国特色新型城镇化道路，深入推进以人为核心的新型城镇化战略，以城市群、都市圈为依托促进大中小城市和小城镇协调联动、特色化发展，使更多人民群众享有更高品质的城市生活。坚持存量优先、带动增量，统筹推进户籍制度改革和城镇基本公共服务常住人口全覆盖，健全农业转移人口市民化配套政策体系，加快推动农业转移人口全面融入城市，形成疏密有致、分工协作、功能完善的城镇化空间格局。按照区位条件、资源禀赋和发展基础，因地制宜发展小城镇，促进特色小镇规范健康发展。实施新型城镇化建设工程包括都市圈建设、城市更新、城市防洪排涝、县城补短板、现代社区培育、城乡融合发展。

秀美乡村助力碳达峰、碳中和

乡村生态经济体系的构建是秀美乡村建设的关键，对实现碳达峰、碳中和的目标有着重要的作用。

要大力发展生态农业，提高农业产业化、市场化的程度，全面转变乡村经济增长方式。要发展集多种产业于一体的生态旅游休闲产业的场所，要促进乡村产业结构的优化和升级，大力推广集美丽乡村建设、农业旅游、农产消费于一体的现代农业旅游区——国家农业公园，以拓展第一、二产业市场，并为其他服务业发展带来机遇。田园综合体建设是当前乡村建设的重点，实现乡村生产生活生态“三生同步”、一二三产业“三产融合”、农业文化旅游“三位一体”，探索乡村经济社会全面发展的新模式、新业态、新路径，建设以农民合作社为主要载体，农民能充分参与和受益，集循环农业、创意农业、农事体验于一体的田园综合体能为乡村的发展奠定好经济基础。

《“十三五”规划纲要》提出，要加快建设美丽宜居乡村。党的十九大报告提出，实施乡村振兴战略。《关于深入推进新型城镇化建设的若干意见》《“十三五”规划纲要》《关于深入推进新型城镇化建设的若干意见》《全国农业现代化规划（2016—2020年）》《关于深入推进农业供给侧结构性改革 加快培育农业农村发展新动能的若干意见》《促进乡村旅游发展提质升级行动方案（2018—2020年）》《关于促进乡村产业振兴的指导意见》《关于推进农村生活污水治理的指导意见》《关于实施乡村振兴战略的意见》《乡村振兴战略规划（2018—2022年）》《数字乡村发展战略纲要》《关于加强和改进乡村治理的指导意见》等，提出了美丽乡村建设的目标和措施。

《关于全面推进乡村振兴加快农业农村现代化的意见》，把全面推进乡村振兴作为实现中华民族伟大复兴的一项重大任务，加快建设农业农村现代化。

《关于加快建立健全绿色低碳循环发展经济体系的指导意

见》提出，改善城乡人居环境。建立乡村建设评价体系，促进补齐乡村建设短板。加快推进农村人居环境整治，因地制宜推进农村改厕、生活垃圾处理和污水治理、村容村貌提升、乡村绿化美化等。继续做好农村清洁供暖改造、老旧危房改造，打造干净、整洁、有序、美丽的村庄环境。

《“十四五”规划和2035年远景目标纲要》提出，走中国特色社会主义乡村振兴道路，全面实施乡村振兴战略。实施乡村建设行动，强化乡村建设的规划引领，优化生产生活生态空间，提升乡村基础设施和公共服务水平，持续改善村容村貌和人居环境，建设美丽宜居乡村。

《中华人民共和国乡村振兴促进法》提出，以农民为主体，以乡村优势特色资源为依托，支持、促进农村一二三产业融合发展，推动建立现代农业产业体系、生产体系和经营体系，发挥农村资源和生态优势，支持特色农业、休闲农业、现代农产品加工业、乡村手工业、绿色建材、红色旅游、乡村旅游、康养和乡村物流、电子商务等乡村产业的发展，促进乡村产业深度融合，支持特色农产品优势区、现代农业产业园、农业科技园、农村创业园、休闲农业和乡村旅游重点村镇等的建设，发展乡村产业应当符合国土空间规划和产业政策、环境保护的要求；健全重要生态系统保护制度和生态保护补偿机制，实施重要生态系统保护和修复工程，加强乡村生态保护和环境治理，绿化美化乡村环境，建设美丽乡村。

中国乡村自古以来以美著称，但由于工业文明的侵袭，造成了中国乡土社会的瓦解，进而造成乡村文化的凋敝。要使乡村的经济社会发展步入绿色发展的轨道，必须重建乡土社会。要重新认识与定位乡村文明在当代的价值和功能，重构乡村文明的理论体系；保护日益萧条的村庄和关怀乡村文明的留守者，恢复和保护集传统智慧、文化和技术为一体的生产方式，发展自然社区组织拓展乡村公共服务的渠道，建立政府主导、多方参与的社会共治模式。通过提升农业文明中的优秀生态文化，构建和谐的乡村文化体系，以提高农民群众的生态文明素养，引导农民破除陈规陋习，培育乡村文明新风。通过实施生态人居提升工程，提高村民生活品质。

当前，乡村污水和垃圾的治理是美丽乡村建设的重点。要根据各地的实际情况因地制宜治理乡村水环境，开展生活污水处理，实现水资源的合理配置和高效利用，减少农业生产废弃物污染。

城镇生态系统碳汇保护与提升

城镇绿地生态系统保护与提升

城镇绿地生态系统是城镇的建成区或规划区中以各类绿地所构成的生态系统，建设良好的城镇绿地生态系统对于发挥绿地系统的生态环境效益、社会经济效益和景观文化功能，具有重大的作用，在当前碳达峰、碳中和行动中，更具有现实意义。

根据住房和城乡建设部发布的《城市绿地分类标准》行业标准，绿地可以分为城镇建设用地内的绿地和城镇建设用地外的绿地，前者是公园绿地、防护绿地、广场用地和附属绿地，后者是区域绿地。①

公园绿地 | 向公众开放，以游憩为主要功能，兼具生态、景观、文教和应急避险等功能，有一定游憩和服务设施的绿地。

① 北京北林地景园林规划设计院有限责任公司. 城市绿地分类标准（CJJ/T85-2017）[S]. 北京：中华人民共和国住房和城乡建设部，2017.

公园绿地可分为：（1）综合公园——内容丰富，适合开展各类户外活动，具有完善的游憩和配套管理服务设施的绿地，规模宜大于10公顷；（2）社区公园——用地独立，具有基本的游憩和服务设施，主要为一定社区范围内居民就近开展日常休闲服务活动的绿地，规模宜大于1公顷；（3）专类公园——具有特定内容或形式，有相应的游憩和服务设施的绿地，专类公园分为动物园（在人工饲养条件下，移地保护野生动物，进行动物饲养、繁殖等科学研究，并供科普、观赏、游憩等活动，具有良好设施和解说标识系统的绿地）、植物园（进行植物科学研究、引种驯化、植物保护，并供观赏、游憩及科普等活动，具有良好设施和解说标识系统的绿地）、历史名园（体现一定历史时期代表性的造园艺术，需要特别保护的园林）、遗址公园（以重要遗址及其背景环境为主形成的，在遗址保护和展示等方面具有示范意义，并具有文化、游憩等功能的绿地）、游乐公园（单独设置，具有大型游乐设施，生态环境较好的绿地，绿化占地比例应≥65%），以及其他专类公园（除以上各类专类公园外，具有特定主题内容的绿地，主要包括儿童公园、体育健身公园、滨水公园、纪念性公园、雕塑公园以及位于城市建设用地内的风景名胜公园和森林公园等，绿化占地比例宜≥65%）；（4）游园——除以上各类公园绿地外，用地独立、规模较小或形状多样，具有一定游憩功能的绿地，带状游园的宽度宜大于12米、绿化占地比例应≥65%。

防护绿地 | 用地独立，具有卫生、隔离、安全、生态防护功能，游人不宜进入的绿地。主要包括卫生隔离防护绿地、道路及铁路防护绿地、高压走廊防护绿地、公共设施防护绿地等。

广场用地 | 以游憩、纪念、集会和避险等功能为主的城市公共活动场地，绿化占地比例宜≥ 35%，绿化占地比例≥ 65% 的广场用地计入公园绿地。

附属绿地 | 附属于各类城市建设用地（除“绿地与广场用地”）的绿化用地，包括居住用地、公共管理与公共服务设施用地、商业服务业设施用地、工业用地、物流仓储用地、道路与交通设施用地、公共设施用地等用地中的绿地。附属绿地可分为：（1）居住用地附属绿地——居住用地内的配建绿地；（2）公共管理与公共服务设施用地附属绿地——公共管理与公共服务设施用地内的绿地；（3）商业服务业设施用地附属绿地——商业服务业设施用地内的绿地；（4）工业用地附属绿地——工业用地内的绿地；（5）物流仓储用地附属绿地——物流仓储用地内的绿地；（6）道路与交通设施用地附属绿地——道路与交通设施用地内的绿地；（7）公共设施用地附属绿地——公共设施用地内的绿地。

区域绿地 | 位于城市建设用地之外，具有城乡生态环境及自然资源和文化资源保护、游憩健身、安全防护隔离、物种保护、园林苗木生产等功能的绿地，不包括耕地。区域绿地可分为：（1）风景游憩绿地——自然环境良好，向公众开放，以休

闲游憩、旅游观光、娱乐健身、科学考察等为主要功能，具备游憩和服务设施的绿地，可分为风景名胜区（经相关主管部门批准设立，具有观赏、文化或者科学价值，自然景观、人文景观比较集中，环境优美，可供人们游览或者进行科学、文化活动的区域）、森林公园（具有一定规模，且自然风景优美的森林地域，可供人们进行游憩或科学、文化、教育活动的绿地）、湿地公园（以良好的生态环境和多样化的湿地景观资源为基础，具有生态保护、科普教育、湿地研究、生态休闲等多种功能，具备游憩和服务设施的绿地）、郊野公园（位于城区边缘，有一定规模、以郊野自然景观为主，具有亲近自然、游憩休闲、科普教育等功能，具备必要服务设施的绿地），以及其他风景游憩绿地（除上述外的风景游憩绿地，主要包括野生动植物园、遗址公园、地质公园等）；（2）生态保育绿地——为保障城乡生态安全，改善景观质量而进行保护、恢复和资源培育的绿色空间，主要包括自然保护区、水源保护区、湿地保护区、公益林、水体防护林、生态修复地、生物物种栖息地等各类以生态保育功能为主的绿地；（3）区域设施防护绿地——区域交通设施、区域公共设施等周边具有安全、防护、卫生、隔离作用的绿地，主要包括各级公路、铁路、输变电设施、环卫设施等周边的防护隔离绿化用地，区域设施指城市建设用地外的设施；（4）生产绿地——为城乡绿化美化、培育、引种试验各类苗木、花草、种子的苗圃、花圃、草圃等圃地。

保护和提升城镇绿地生态系统，一是要关注基因、物种多样性保护，最大限度减少生产和生活活动对生物多样性造成的威胁，生物多样性是维护城镇绿地生态系统稳定的一个重要因素，能有效保证物种的活力；二是要广种乡土植物，推行生态绿化，乡土植物特定的地区经历漫长的演化，生理、遗传、形态特征等符合当地的生境条件，利用本地植物的光合作用，提高生态系统的碳吸收和储存能力，推动碳达峰、碳中和；三是在保护和提升城镇绿地生态系统中，正确处理好城镇生态系统中的自然系统、经济系统和社会系统的关系，推进生态系统保护与修复，全面提升生态系统稳定性和生态服务功能，开展城镇绿化行动和生态基础设施建设，建设楔形绿地系统，发展森林城镇，发展都市农业，形成城镇碳汇和碳库；四是推进绿廊、绿环、绿楔、绿心等绿地建设，构建完整连贯的城镇绿地系统，优化绿地布局，均衡布局公园绿地，根据居民出行“300 米见绿、500 米入园”的要求，拓展绿色空间，提高城镇绿化效果，提升存量绿地品质和功能，更好地为实现碳达峰、碳中和目标服务。

城镇湿地生态系统保护与提升

湿地公园是城镇建设用地外的绿地，但与城镇化相关的湿地生态系统的恢复和改善成为新型城镇化进程中的一个重大问题。中国科学院东北地理与农业生态研究所地理景观遥感学科的研究结果显示，1990—2010 年中国的城镇用地扩张直接占用了 2883 平方千米的湿地，约占我国湿地损失总面积的 6%，我国东部地区尤其是滨海地区占了大部分，随着城镇化进程的加快和水平的提升，城镇用地扩张占用湿地的趋势明显增强。

湿地是陆地生态系统碳循环的一个重要组成部分，湿地生态系统的含碳量占陆地生态系统土壤的 18%~30%。保护和提升城镇湿地生态系统，在实现碳达峰、碳中和目标的基础上，发挥城镇湿地的生态服务功能和碳汇潜力，提升城镇化发展质量。

在新型城镇化进程中，要保护与提升城镇湿地生态系统。一是要强化城镇湿地资源保护。《湿地保护修复制度方案》提出，完善湿地分级管理体系，实行湿地保护目标责任制，健全湿地用途监管机制，建立退化湿地修复制度，健全湿地监测评价体系，完善湿地保护修复保障机制；《全国重要生态系统保护和修复重大工程总体规划（2021—2035 年）》提出，到 2035 年确保湿地面积不减少，湿地保护率提高到 60%；《山水林田湖草生态保护修复工程指南（试行）》提出，全面指导和规范各地山水林田湖草生态保护修复工程实施，推动山水林田湖草一体化保护和修复；《"十四五"规划和 2035 年远景目标纲要》提出，坚持山水林田湖草系统治理，着力提高生态系统的自我修复能力和稳定性，守住自然生态安全边界。各地在城镇化发展中，必须精准划定生态保护红线，对城镇湿地进行规范性、全面性保护。二是加强城镇湿地生态修复，提升湿地生态系统服务功能，不仅重视湿地提供物质产品、旅游服务和教育科研的功能，当前更重要的是关注湿地的碳汇、调节气候、净化水质、调洪蓄洪及栖息地功能。三是重视小微湿地建设，小型、微型湿地是山水林田湖草生命共同体的重要组成部分，运用海绵城镇建设理念，恢复小微湿地的生态系统结构，不仅可以净化水质、美化景观、调节小微气候、保护生物多样性，还可以改善城镇人居环境，提高生态环境质量。四是倡导城镇湿地保护的公众参与，新型城镇化要求构建人与自然共生和谐的新格局，城镇湿地作为城镇生态环境的重要组成部分，是公众的共享绿色空间，同时公众也要承担起保护城镇湿地的责任，营造维护城镇湿地的良好氛围。

发展城镇建筑物空间立体绿化

城镇建筑物空间立体绿化是根据不同的环境条件，在城镇各种建筑物和其他空间（如屋顶、墙面、阳台、门庭、廊、柱、栅栏、立交桥、坡面、河道堤岸等）上栽植攀缘植物或其他植物的一种城镇绿化方式。

北京市园林科研所的调查显示，屋顶绿化每年可以滞留粉尘 2.2 千克 / 公顷，建筑物的整体温度夏季可降低约 2℃。根据一项实验的测试，夏天时有攀缘植物攀附的墙面，温度能降低 5~14℃，室温可降低 2~4℃。如果一个城市将住宅小区的屋顶全部绿化，在高大建筑物屋顶建立草坪或空中花园，增加的绿化覆盖面积是巨量的，有研究表明这种绿化方式可使整个城市的最高温度降低 5~10℃、建筑顶层温度降低 3~5℃，这还没有计算在建筑物墙面栽植攀缘植物等。因此，推广普及城镇建筑物的空间立体绿化，在提高城镇空气质量、节约能源、缓解热岛效应的同时，还能提升城镇有限的碳汇水平。联合国环境规划署的研究显示，当一个城市的屋顶绿化率达到 70% 以上，城市上空二氧化碳含量能下降 80%，热岛效应会消失。

立体绿化在我国正处于发展过程中，很多城市已经将发展城镇建筑物空间立体绿化作为美丽城市建设的重要因子。《上海市绿化条例》就规定，新建公共建筑以及改建、扩建中心城内既有公共建筑的，应当对高度不超过 50 米的平屋顶实施绿化；中心城、新城、中心镇以及独立工业区、经济开发区等城市化地区新建快速路、轨道交通、立交桥、过街天桥的桥柱和声屏障，以及道路护栏（隔离栏）、挡土墙、防汛墙、垃圾箱房等市政公用设施的，应当实施立体绿化。鼓励适宜立体绿化的工业建筑、居住建筑以及其他建筑，实施多种形式的立体绿化。北京市《屋顶绿化规范》也提出了屋顶绿化建议性指标，规定花园式屋顶绿化的绿化面积占屋顶总面积≥ 60%、种植面积占绿化面积≥ 85%、铺装园路面积占绿化面积≤ 12%、园林小品面积占绿化面积≤ 3%，简单式屋顶绿化的绿化面积占屋顶总面积≥ 80%、绿化种植面积占屋顶总面积≥ 80%、铺装园路面积占绿化面积≤ 10%。随着立体绿化模式的推广，很多省市也制定了屋顶绿化的地方标准。

当前，城镇建筑物空间立体绿化的方式主要有屋顶绿化、墙面绿化、阳台绿化、室内绿化、坡面绿化、棚架绿化和篱笆绿化。在新型城镇化过程中，城镇建筑物空间立体绿化要结合建设低碳城镇的要求，根据当地实际，采用点缀式、地毯式、花园式和田园式等建筑物空间立体绿化类型，为实现碳达峰、碳中和目标做出贡献。

第十一章

碳达峰、碳中和
与公众生活

生活方式是指在一定社会文化、经济、风俗、家庭影响下，长期以来人们所形成的一系列生活习惯、生活制度和生活意识。培养公众的绿色低碳生活方式，利用消费对生产的反作用，促进产业的绿色低碳转型，推动经济的优化升级，有助于碳排放达峰行动的开展，实现碳达峰、碳中和的目标。

倡导绿色低碳生活

绿色生活方式降低碳排放

工业文明以来，人们的生活方式打上了明显的时代烙印，在大机器生产的推动下，鼓励消费刺激生产成为一种时尚，勤俭节约反而成了阻止经济发展的一大障碍，出现了为消费而大量浪费资源的局面。不良的生活方式，对碳排放的增加起到了促进作用。

绿色生活方式是指在生态文明观念下，人们在日常生活中，改变传统的生活方式，养成适度消费、节俭消费、低碳消费、安全消费的良好习惯，使绿色饮食、绿色出行、绿色居住成为人们的自觉行动。在满足我们这一代人的消费需求、安全和健康的前提下，还要满足子孙后代的消费需求、安全和健康。而倡导绿色低碳的生活方式，可以有效降低碳排放总量。

绿色生活方式的兴起

绿色生活运动正在世界各国蓬勃兴起。在欧洲市场上，40% 的人更喜欢购买绿色商品；在美国，77% 的人表示企业的绿色形象会影响他们的购买欲望；77% 的日本消费者愿意购买符合环保要求的商品。

为改变居民消费方式、推动清洁的出行方式、促进生态转型、保护空气质量以及生物多样性等，法国生态转型与团结部发布公告，自 2020 年 1 月 1 日起，法国政府在环境保护领域实施 13 项重要变革，包括法国境内禁止销售部分一次性塑料产品，加大支持民众购买新型电动汽车和氢动力汽车的力度，调整对尾气排放量和污染程度最大的汽车的罚款规定，设立法国生物多样性办公室等。

人们要节制对物质享受的无限追求，改变目前过度浪费资源的生活方式以及支持这种生活方式的生产方式，建立一种绿色生活方式和生产方式。绿色生活方式的提出，就是对传统生活方式的替代，推崇简朴节约的生活，推崇以保证获得基本的人类需求为标准的生活方式是人类努力的目标。绿色生活方式倡导消费有助于公众健康的绿色产品，在消费过程中减少碳排放、不造成环境污染，同时引导消费者转变消费观念，向崇尚自然、追求健康的方向转变。

长期以来，人们一直认为对生态环境造成严重破坏的是工业污染物排放，政府对环境污染的治理也放在对工业行业的监管上。但现在生活污染已成为重要的污染源，在 2015 年全国废水排放量统计中，城镇生活污水排放量占 72.8%，工业废水排放量占 27.1%。快速的工业化、城镇化使中国步入历史上环境污染最严重时期，同时也使中国成为地球上环境污染最严重的区域之一，严重影响了经济和社会的持续发展，在绿色价值观缺失背景下的生活习俗、消费习惯等更加剧了碳排放强度和环境污染的程度。

1992 年通过的《21 世纪行动议程》明确指出，全球环境不断退化的主要原因是非持续性消费和生产模式。该议程提到的解决办法是，通过改变生活方式提高生活标准，减少对地球有限资源的依赖，并与地球的支撑能力取得更好的协调。

《关于加快推进生态文明建设的意见》提出，要加快推动生活方式绿色化，实现生活方式和消费模式向勤俭节约、绿色低碳、文明健康的方向转变，力戒奢侈浪费和不合理消费。《“十三五”规划纲要》提出，要倡导勤俭节约的生活方式，倡导合理消费，使生活方式绿色化、低碳水平上升。

2019 年 10 月，国家发展改革委印发的《绿色生活创建行动总体方案》提出，通过开展节约型机关、绿色家庭、绿色学校、绿色社区、绿色出行、绿色商场、绿色建筑等创建行动，广泛宣传推广简约适度、绿色低碳、文明健康的生活理念和生活方式，建立完善绿色生活的相关政策和管理制度，推动绿色消费，促进绿色发展。

《关于加快推动生活方式绿色化的实施意见》《关于促进绿色消费的指导意见》《关于深入实施“互联网 + 流通”行动计划的意见》《“十三五”生态环境保护规划》《“十三五”国家信息化规划》《“十三五”节能减排综合工作方案》、《国家人口发展规划（2016—2030 年）》《循环发展引领行动》《人体健康水质基准制定技术指南》《国民营养计划（2017—2030 年）》《公民生态环境行为规范（试行）》等，都从不同角度提出了绿色消费。

《关于加快建立健全绿色低碳循环发展经济体系的指导意见》提出，通过促进绿色产品消费、倡导绿色低碳生活方式，健全绿色低碳循环发展的消费体系。

《“十四五”规划和 2035 年远景目标纲要》提出，到 2035 年，广泛形成绿色生产生活方式，碳排放达峰后稳中有降，生态环境得到根本好转，美丽中国建设目标基本实现；“十四五”时期，生产生活方式绿色转型成效显著，能源资源配置更加合理、利用效率大幅提高，单位国内生产总值能源消耗和二氧化碳排放分别降低 13.5%、18%；深入开展绿色生活创建行动。

绿色生活方式促进产业转型

生产决定消费，但消费也影响生产，消费升级引领产业升级，消费升级的方向是产业升级的重要导向，合理的消费需求有利于提高发展质量、增进民生福祉、推动经济结构优化升级、激活经济增长内生动力，实现持续健康高效协调发展。生活方式的绿色化将极大地促进产业转型的进程，这是实现碳达峰、碳中和目标的重要手段。

人们日常生活离不开衣食住行，使用没有受到污染且不会污染环境和破坏生态的“绿色产品”既能节约资源、保护环境，又能保证身体健康。“绿色”是“无污染”“无公害”“环境保护”的代名词，是“生命”“健康”“活力”的象征。诸如不施化肥、农药种植的蔬菜，用不含抗菌素、生长激素和其他添加剂的饲料饲养长成的鸡肉，不含有害物质、不对生态环境造成危害的洗衣粉，能够自行降解而安全回归大自然的塑料制品，用回收纸制作的文具用品，用不含氯氟烃的物质作制冷剂的冷藏柜，既节省燃料又极易拆卸、回收、再利用的汽车，完全用木、石、土等天然材料建造的住宅等，都属于绿色产品。正是这种消费，为生产出来的产品提供了市场。

低碳生活方式避免高碳商品和服务

“推动形成绿色生产生活方式，加快改善生态环境”是当前经济和社会发展的一个重要内容。建设生态文明，必须倡导低碳生活方式，实行生活方式转型，尽可能避免消费那些会导致二氧化碳排放的商品和服务，以减少温室气体的产生。

国外有统计数据显示，发达国家消费领域的能耗巨大，占到了总能耗的60%~65%，制造业的能耗不足40%。其根源在于广大消费者的关注点放在消费领域，而不在生产领域。

中国目前的消费状况也呈现这种趋势，一方面我们高喊要原生态的生活，另一方面我们的煤炭消费每年增长2亿吨、汽车每年增加2000万辆。良好的愿望与消费的陋习产生了严重的冲突，人们普遍追求不健康、高能耗的生活方式，如以肉食为主的饮食结构、一次性日用品、豪华住宅、大排量汽车、奢侈品等，造成了超出人类生理需求的过度消费，这是一种高碳化、病态化的消费方式，不仅引发了当前诸多生理疾病与心理疾病的流行，也是对资源的巨大浪费。

2019年，我国的化石能源利用产生的二氧化碳排放约为98.26亿吨，消费端所占比重为53%，超过了发电端占比47%。可见要实现碳达峰、碳中和“30 · 60”目标，在消费端降碳意义十分重大。

启动消费领域的生活方式革命对建设生态文明社会具有紧迫性和现实可行性。当前，全社会关注点重点放在工业企业的“三废”治理上，我国应该以“打好污染防治攻坚战”为契机，破除环境治理上的僵化思维，同时把改变人们的消费观念作为工作重点，倡导低碳生活，用消费影响生产，通过生活方式的绿色化促进传统产业的绿色化，进而建立科技含量高、资源消耗低、环境污染少的绿色产业结构。

《关于积极发挥新消费引领作用 加快培育形成新供给新动力的指导意见》《关于促进消费带动转型升级的行动方案》等提出，通过各种方法用绿色生活方式促进产业转型。

2017 年 11 月，在联合国波恩气候大会上，“公众参与”“落实行动”成为会议的两大关键词，许多国家认为消费者能促进企业行为，进而实现低碳转型，引导企业走向更绿色的未来。

培养公众生态文明意识

2021年2月，生态环境部等六部门联合印发了《“美丽中国，我是行动者”提升公民生态文明意识行动计划（2021—2025年）》[①]，提出提升公民生态文明意识，把建设美丽中国化为全社会自觉行动。

生态库意识

生态库是指能为主体生态系统贮存、提供或运输物质、能量和信息，并与该系统的生存、发展和演替密切相关的系统。生态库对主体生态系统起着哺育、促进和抑制的作用。生态意识的一个重要内容是我们在经济建设中重视和周围生态库的相互关系，重视生态库的价值、生态库的容量、支撑能力以及生

① 关于印发《“美丽中国，我是行动者”提升公民生态文明意识行动计划（2021—2025年）》的通知[EB/OL]. http://www.mee.gov.cn/xxgk2018/xxgk/xxgk03/202102/t20210223_822116.html，2021-02-23.

态库的建设。

只有全球生态文化意识才能给科学技术定向并发展生态化的生产力、生产关系及与绿色发展相应的社会体制，才能消除全球生态危机。为了人类的持续发展，只有以生态文明观为指导，给科学技术以生态化取向，用生态文明取代工业文明，才能实现人类对整体性的把握，在全球生态文明意义上进行交流，理解和建立生态文明新理性。

著名史学大师汤因比在研究了世界有史以来的各种文明体例后，盛赞中国文化的世界精神。因此，中国传统文化中与自然和谐的生态意识，正是启迪人类确立全球生态文明观的深层哲学基础。

和谐共生意识

大力开展生态意识教育，使全人类更新思想观念，建立一个生态型新世界观。其主要内容是让全人类都明白我们只有一个地球，地球是生命的摇篮，人是自然的一个有机组成部分，自然是人的生命构成的一部分，要尊重自然界的固有规律。苏联学者维纳茨基把科学的智慧管理下的人类生存环境称为智慧圈，其关于人类自养性的观点是这一思路的集中概括，主张依靠科学创造新能源、合成材料和食品，探索出一条使人类成为相对不依赖生物圈的特殊生物的途径。美国所建的“生物圈 2

号”就是智慧圈理论的产物，同时也是对人类自养性观点的检验，但“生物圈 2 号”的实验最终失败了。尽管科学技术如此发达，但如果没有现存的遗传基因，人类至今连一粒粮食、一棵蔬菜也合成不了，更不用说猪马牛羊等肉类食品了。人类操纵着巨大的能量，操纵着先进的机器，但一回到餐桌上，人类的食品永远是原始、自然的。“民以食为天”就是人类最同一的东西，就是人类共同的“根”。

全球意识和发展意识

人类赖以生存的地球是一个由自然、社会、经济、文化等多因素构成的复合系统，全人类是一个相互联系、相互依存的整体。世界各国人民在开发利用其本国自然资源的同时，要负有不使其自身活动危害其他地区人类和环境的义务。因此，生态文明意识的培养不仅要关注小范围的环境污染，还要关注大范围的全球环境问题；不仅要关注日常生活中“小我”和近期影响范围上的环境问题，而且要关注“大我”和远期影响范围上的环境问题，关注全球性的经济与社会发展、子孙后代和全人类的未来发展。

传统发展战略以谋取国民生产总值或工农业总产值高速增长为目标，资源和能源消耗大、污染环境、严重破坏生态、经济效益低，破坏了人与环境的和谐。发展意识是要采取新的途径，在发展经济的同时实现环境保护，使经济效益和生态效益、短期利益和长远利益、局部利益和整体利益达到有机统一。生态文明意识的培养目标不能仅以人类的利益为目标，而要以人类与自然和谐发展为目标。不仅要承认自然界对人类的外在价值，而且要承认自然界自身的价值。人的活动不能超越生态系统的涵容能力，不能损害支持地球生命的自然系统，发展一旦破坏了人类赖以生存的物质基础，发展本身的意义也就不复存在了。

人均水平意识、国情意识和人口教育意识

中国是一个发展中的大国，人口众多、经济落后是基本国情。我国人均环境资源占有量相当低，不但低于发达国家和某些发展中国家，甚至低于世界平均水平。我国钢铁、煤炭、石油、粮食、棉花等主要工农业产品产量虽居世界前列，但人均占有量也较低。在环境资源开发利用和经济社会发展方向上，要牢固地树立起人均水平与国情意识，要养成全民勤俭节约的良好习惯，把节约为荣、浪费为耻的道德风尚扎根于广大公民的心中。

人既是生产者，也是消费者，要把人口增长与教育结合起来，通过发展教育事业来提高人口素质，既把人口总量控制在地球资源适合的范围内，又要提高人口质量和素质。

环境资源意识、环境道德意识和环境法制意识

传统观点认为环境质量和自然资源是无限的，取之不尽、用之不竭，是无价值的、可以无偿使用。环境资源意识则强调环境资源是有限的，必须加以保护和珍惜使用；它是有价值的，必须有偿使用；它是有主的，属于全民财产。为此，要提高资源的利用效率，在社会物质生产中通过资源的分层利用、循环利用使资源最大限度地转化为产品，减少排放；在社会生活中摒弃过度消费和奢侈浪费，追求过简朴的生活，过“绿色消费”的生活，达到节约资源和环境保护的目的。

环境道德作为人类绿色生活的道德，是一种新的道德观。该观点不仅要对人类讲道德，而且要对生命和自然界讲道德，把道德对象的范围从人与人的社会关系扩展到人类与自然的生态关系上，确认自然界的价值和权利，制定和实施新的道德原则，这种道德原则以人类与自然和谐发展为目标。环境道德问题既涉及前人、当代人、后人，也涉及其他生物和自然界。

要使每个公民、法人和组织都享有利用环境的权利，同时也必须履行保护环境的义务；严重污染和破坏环境的行为都是违法的，应承担法律责任；公民对污染、破坏环境的违法行为都有检举、控告的权利，遭受损失的有权要求赔偿损失。

环境科技与经济意识

人类要依靠科技进步、节约能源、减少废物排放和文明消费，建立经济、社会、资源与环境协调和持续发展的新模式。要强调科学技术发展的“生态化”，强调整体性思维，把人类、社会和自然看作一个有机整体加以认识和对待。加快科技成果的应用，使整个科学技术沿着符合生态保护的方向发展。通过采用绿色技术进行清洁生产，通过提高资源利用率减少废弃物排放，达到提高经济效率和保护环境的双重目的。这样的经济同传统浪费型经济有区别，是一种节约型经济。

公众参与意识

生态文明教育是“学中做”的教育，需要通过公民的亲身经历来发展其对环境生态的意识、理解力和各种技能。生态文明建设是一项全民性事业，关乎每一个人的切身利益，也需要每一个人的积极参与。公民自觉参与，是搞好生态文明建设的重要条件。公民在生态意识提高的基础上，必然会产生保护、改善和建设生态环境的使命感和责任心。因此，需要提高公民参与环境保护工作的主动性和积极性。这要求公民在日常生活中，时时处处自觉地参与生态文明建设的各种活动，为尽早碳达峰、碳中和贡献自己的力量。

全民践行绿色低碳生活

制定完善的低碳消费法律法规

低碳消费靠倡导，更需要法律法规的强制。我们要借鉴国外低碳消费的成功经验，结合中国国情，制定法律法规政策，对低碳消费对象、消费行为实施有效的激励与监督，协调各方利益矛盾。首先要完善居民低碳消费方面的强制性标准等政策配套措施，使广大居民的低碳消费有法可依、有相应的基础设施相配套。完善信用体系建设，通过低碳消费的信用体系建设，提升消费者自觉实施低碳消费的行为，从而形成良好的社会氛围。同时，通过政策优惠，给予节能产品和低碳能源开发技术以政策上的扶持，使其扩大市场份额。政府鼓励风能、水力、太阳能等新能源的开发利用，加大对节能环保企业在税收和融资方面的扶持力度，以便生产出更多的低碳产品供消费者选择。

企业承担起更多的低碳发展责任

企业是能源消费和碳排放大户，要在低碳消费中承担起技术革新、降低能耗、提高资源利用率的重任。实现企业生产低碳化是一个长期艰巨的任务，需要企业具有强烈的减排责任并投入巨大的资金和人力资源，并通过技术创新降低企业能源消费量和碳排放量，最终实现低碳化生产和产品的低碳化。企业要认清世界绿色经济发展大势，主动迎接这次低碳革命，加大投入，加大产品更新换代力度，以更新更高的技术为广大消费者提供高质量的低碳产品，从而为低碳消费奠定坚实的基础。

全社会营造践行绿色生活的良好氛围

从社会层面讲，生活方式绿色化是一个社会转变过程，需要从改变消费理念、推动全民行动和完善保障措施等多方面协调推进。

要大力倡导低碳消费理念，引导社会大众形成低碳消费光荣、奢侈性高碳消费可耻的理念，加大对环境知识的科普力度，使社会公众充分认识到低碳消费的强烈重要性，自觉形成节约、低碳的消费方式。近年来，我国社会出现了部分人炫富夸富的行为，他们沉醉在高碳消费之中而不自知，严重败坏了社会节俭之风。对于这些现象，政府、社会、媒体要同时发声，制止、批评、引导他们改正行为，共同助力形成全社会低碳节俭之风。

要在全社会营造绿色生活方式的氛围，加强制度建设，加大对损害生态环境行为的监管和处罚力度，采取激励引导与惩戒相结合的策略，形成全社会热爱绿色生活的良好氛围。按照绿色生活的要求，制定推行绿色城市、绿色社会、绿色企业、绿色校园、绿色家庭的标准，限制过度包装，严格限制高耗能、高污染服务业，通过消费对生产的反作用促进绿色生产方式的建立，把被所谓的现代消费抛弃的“分解—还原—再生”三个环节重新纳入自然生态循环的链条之中，通过相应的表彰、奖励、处罚措施，对公民的生活行为予以引导。

要建立绿色公共服务体系。如建立和完善对城乡居民绿色生活的支持体系，帮助人们实现绿色生活的目标。在农村大力推广沼气利用，在城市大力发展公共交通。

注重发挥社会组织的作用，开展全民绿色教育活动。提倡崇尚节俭、合理消费、绿色消费等理念，养成节约、环保的消费方式和生活习惯，遏制浪费、减少浪费。

《关于加快推动生活方式绿色化的实施意见》已明确提出，要引导绿色饮食，推广绿色服装，倡导绿色居住，鼓励绿色出行，同时要求各地全面构建推动生活方式绿色化的全民行动体系，将生活方式绿色化全民行动纳入文明城市、文明村镇、文明单位、文明家庭创建内容，将每年 6 月设为“全民生态文明月”，培养绿色公民。

培养公众低碳消费行为

思想决定行为，转变公众消费意识是推行低碳消费的重中之重，我们在生活中应该养成节约、低碳、环保的行为。绿色生活意味着衣食住行更环保，要把低碳消费落实到消费的各个环节，从衣、食、住、行、游、娱及日常生活各方面把低碳消费落到实处。

衣服要选择低碳面料衣服，饮食方面要尽量选择低碳饮食、环保食品，购物时支持可循环使用的产品，选择低碳建筑，大力提倡低碳出行，娱乐要选择节能型娱乐设施和场所，每个公民要“从我做起，从现在做起，从身边的小事做起”，遵循“消耗最少的资源满足更多人的生存和人类发展的需求”原则，适度消费、健康消费、文明消费、节约消费。通过实际行动，形成低碳消费的巨大社会力量，为建成低碳社会尽到每一个公民应尽的责任。

第十二章

碳达峰、碳中和与全球治理

传统工业化以大量消耗资源、排放大量废弃物为特征，以征服和掠夺自然为生存发展理念，导致了全球能源危机、资源危机和生态危机。生态环境危机不是区域性的，必须全球互动并进行国际合作，各个国家共同采取各种措施才有可能解决人类面临的问题。不断加深的生态环境保护国际合作，使中国在全球气候行动中发挥了积极的作用。在国内实行碳达峰、碳中和行动的同时，中国积极参与以应对全球气候变化为中心的环境治理，通过推进绿色低碳“一带一路”建设，提升沿线国家生态环保合作水平，为实现 2030 年可持续发展议程环境目标做出贡献。

生态环境的全球治理

生态环境危机是人类面临的共同问题

随着全球经济的一体化，生态环境问题也跨出国界，一国的生态环境灾难有可能危及邻国的生态安全。比如，国际性河流，上游国家的截流、溃决和污染物排放，都有可能危及下游国家的安全。近年来，越境环境污染的情况日益增多。当前环境污染已经由区域性问题逐渐发展为全球性的环境污染与破坏。这种环境污染与破坏不仅降低了大气、水、土地等环境因素的质量，直接影响人类的健康、安全与生存，而且造成资源、能源的浪费、枯竭与退化，影响各国经济的发展。环境污染与破坏所造成的危害具有流动性、广泛性、持续性与综合性的特点，当发生全球性的相互联系时，各国都要承受污染危害，并导致全球共有财产——环境的破坏，威胁全人类及人类赖以生存的整个地球生态系统。环境问题的全球性在空间上表现为无处不在，在时间上表现为无时不在，在程度上表现为已不堪重负，在后果上表现为已经影响到人类的持续发展。

随着全球环境问题的加剧，生态环境问题的影响正渗入到各国的政治、国家安全领域，环境外交成为建立世界新秩序和构造未来国际格局的重要途径。在一些国家，特别是发达国家内部，工业增长的利益同保护生态环境之间的矛盾日益突出，这些国家保护环境的舆论压力日益增大，致使不少政党在竞选中也争相打出环保牌。在国家安全问题上，安全的保障愈来愈多地依赖环境资源，包括土壤、水源、森林、气候，以及构成一个国家环境基础的所有主要成分。假如这些基础退化，国家的经济基础最终将衰退，其社会组织会锐变，政治结构也随之变得不稳定。这样的结果往往会导致冲突，或是一个国家内部发生骚乱，或是引起与别国关系的紧张。在环境外交方面，20世纪后期，国际上出现了将环境问题与人权问题挂钩的倾向。进入21世纪，环境问题引起的国际冲突将更加频繁。污染事件导致的环境纠纷、“环境移民”“环境难民”引起的国际冲突，以及诸如中东的水源等资源的争夺等，使环境问题日益与政治、经济、社会问题交织，增加了解决的难度。

随着工业化进程的加快，生态破坏和污染问题也在不断加剧，工业文明的高速发展造成的环境污染日益加剧成为20世纪的一个重要特点。经济发展所带来的负面效应体现在区域和全球两个层次上，造成了一系列的生态和环境问题。在全球经济一体化的背景下，许多发达国家企业的跨国公司把能耗高、污染重的企业转移到发展中国家，或者通过“合法贸易”向发展中国家出售在本国被法律所禁止销售的有毒产品；而发展中国家却受限于技术、经济水平低下，只能作为主要的资源输出国与初级生产品输出国，并要承担资源消耗与环境破坏带来的主要后果。这种不平等的经济交往，更加剧了环境危机，特别是对于广大发展中国家来说，会让它陷入贫困和环境破坏的恶性循环之中。

生态环境问题需要全球治理

早在 20 世纪中叶，一些有识之士就组建了国际组织，开始关注环境和生态问题。世界上最早的环境组织是 1948 年成立的“世界自然保护同盟”，是世界上唯一的由国家、政府和非政府组织平等参加的国际环境组织；1961 年成立的“世界自然基金会”，是世界上最大的、经验最丰富的独立性非政府环境保护机构。

1962 年，美国生物学家蕾切尔·卡逊的《寂静的春天》出版，描写了因过度使用以杀虫剂为主的化学农药而导致环境污染、生态破坏的情况，指出人类用自己制造的毒药来提高农业产量，无异于饮鸩止渴，从而引发了旷日持久的绿色运动。

1972 年是绿色运动进入高潮的一年。由于环境问题日益突出，1972 年 6 月 5—16 日联合国人类环境会议在斯德哥尔摩召开。这是国际社会就环境问题召开的第一次世界性会议，标志着全人类对环境问题的觉醒，是世界环境保护史上的里程碑。会议建议联合国将 6 月 5 日联合国人类环境会议开幕这天定为“世界环境日”。会议的主要成果集中在两个文件上：一是会议提供的一份非正式报告《只有一个地球》，报告始终将环境与发展联系起来，并特别指出，贫穷是一切污染中最坏的污染；二是大会通过的《人类环境宣言》，该宣言为保护和改善人类环境所规定的基本原则为世界各国所采纳，成为世界各国制定环境法的重要根据和“国际环境法”的重要指导方针。人类环境会议首开国际社会共同重视环境问题的先河，将环境问题摆在了人类的面前，唤醒了世人的警觉，引起了世界各国的广泛共识。各国开始把环境问题摆上政府的议事日程，并与人口、经济和社会发展联系起来，统一审视，寻求一条健康协调的发展之路。

1987 年，联合国委托以布伦特兰夫人为主席的世界环境与发展委员会提交了一篇著名的报告——《我们共同的未来》。报告以“可持续发展”为基本纲领，从保护和发展环境资源、满足当代和后代的需要出发，提出了一系列政策目标和行动建议，把环境与发展这两个紧密相连的问题作为一个整体加以考虑，指出人类社会的可持续发展只能以生态环境和自然资源持久、稳定的支承能力为基础，而环境问题也只有在经济的可持续发展中才能够得到解决，对世界各国的经济发展与环境保护的政策制定产生了积极、巨大的影响。

第一次世界气候大会于1979年在日内瓦召开。1992年召开的联合国环境与发展大会签署了《联合国气候变化框架公约》，同时通过了《关于环境与发展的里约宣言》《21世纪行动议程》等重要文件，并签署了《生物多样性公约》等，国际社会以应对全球气候变化为核心，开始共同商讨全球环境与发展战略。至2019年，《联合国气候变化框架公约》一共召开了25次缔约方会议。

2002年8月24日—9月4日，联合国可持续发展世界首脑会议在南非约翰内斯堡举行，主要议题是“消除贫困和保护环境”，会议涉及政治、经济、环境与社会发展等多个方面。2012年6月，在巴西里约热内卢召开了全球可持续发展峰会，会议通过了最终成果文件《我们憧憬的未来》。“里约+20”峰会主要围绕可持续发展和消除贫困背景下的绿色经济与可持续发展的体制框架两大主题展开，并重申了各国对实现可持续发展的政治承诺。从2014年开始到2019年，联合国共召开了4次环境大会，使联合国193个成员共同在部长级层面商讨全球环境和可持续发展议题并做出决策，为生态环境的全球治理搭建了一个框架。

1972年12月，第27届联合国大会决定成立“联合国环境规划署”“环境规划理事会”“环境基金会”，极大地促进了环境领域的国际合作。联合国粮食及农业组织（1945 年成立）、联合国教育、科学及文化组织（1945 年成立）、世界卫生组织（1946 年成立）、联合国人口委员会（1946 年成立）、经济合作与发展组织（1961 年成立）、联合国开发计划署（1966 年成立）等国际机构也承担着生态环境管理与协调职能，一些地区性国际组织也在区域环境和经济发展中发挥着作用。

1971 年，当今世界最活跃、影响最大、最激进的国际性生态环境保护组织“绿色和平组织”成立。

生态环境问题日益突出并呈全球化发展趋势，越来越引起国际社会的极大关注。在这种背景下，不少国家的“绿党”逐步进入政坛，成为影响政府决策的重要力量。世界各国各地的环保类非政府组织（环保 NGO）也大量涌现，其数目远远超出政府间组织。民政部发布的《2017 年社会服务发展统计公报》指出，截至 2017 年年底，全国共有生态环境类社会团体 6000 家，生态环境类民办非企业单位 501 家。环保类非政府组织的许多建议有很强的现实针对性，产生了强烈的反响，其作用随着环境保护和生态建设事业的发展也越来越重要。

随着国际社会对生态环境问题的关注，作为调整国际自然环境保护中的国家间相互关系的法律规范的国际环境法陆续制定，这是国际社会经济发展与人类环境问题发展的产物。

国际条约规定了国家或其他国际环境法主体之间在保护、改善和合理利用环境资源问题上的权利和义务，是国际环境法规范的最基本和最主要的渊源。解决全球环境问题，最常见的法律手段就是签订国际环境条约。目前，与环境和资源有关的国际环境条约有近200项，如《保护臭氧层维也纳公约》《关于消耗臭氧层物质的蒙特利尔议定书》《联合国气候变化框架公约》《京都议定书》《联合国海洋法公约》《防止倾倒废物及其他物质污染海洋公约》《国际防止船舶造成污染公约及其议定书》《生物多样性公约》《卡塔赫纳生物安全议定书》《核安全公约》《关于持久性有机污染物的斯德哥尔摩公约》《控制危险废物越境转移及其处置巴塞尔公约》《保护世界文化和自然遗产公约》《联合国防止荒漠化公约》《濒危野生动植物物种国际贸易公约》《关于特别是作为水禽栖息地的国际重要湿地公约》《关于汞的水俣公约》等。迄今为止，我国已批准加入30多项与生态环境有关的多边公约或议定书。2018年5月，联合国大会通过决议，正式开启《世界环境公约》的谈判进程。

在已经签订的保护国际环境的国际条约中，有些原则是作为国际惯例发生作用的，也是国际环境法规范的一个渊源。有关环境保护的国际会议及国际组织的宣言、决议，对制定新的国际环境法规范，对确认、固定、发展和解释现有的国际环境法规范，作用也十分显著。相关大会通过的宣言、决议对各国都有极强的约束作用。各种国际组织就自然环境某些部分的保护而通过的许多具体纲领和决议，也被认为是自然资源保护方面的国际环境法的基础。如《人类环境宣言》《关于环境与发展的里约宣言》《21 世纪行动议程》《约翰内斯堡可持续发展声明》《可持续发展问题世界首脑会议执行计划》《我们憧憬的未来》《变革我们的世界——2030 年可持续发展议程》等。

构建生态环境治理的一体化

生产力发展到当今时代，发达国家已经从对发展中国家的商品输出转变为资本输出。一般而言，资本总是流向有利润的地方，而发展中国家往往有着巨大的市场潜力，从而吸引发达国家进行资本注入。同时，一些公司出于减小国际金融风险、获取较廉价劳动力等考虑，也纷纷将一些劳动密集型产业转移到发展中国家。值得强调的是，一些国家还出于生态环境因素考虑，为了减少自己的环境风险而有意识地鼓励一些企业将高环境成本的产业转移出去。这样，一些发达国家在享受经济发展红利的同时，将环境恶化风险强加给了发展中国家，造成了异地污染状况。为了消解这一状况，发达国家应树立全球意识，在为全球经济做出贡献的同时勇担生态责任，利用自己的资金技术优势，将环境风险降到最低限度，而不是通过产业布局的方式转嫁出去。同时，发展中国家也应树立生态忧患意识，在吸引投资时不能只从经济角度考虑，还应考虑环境因素，最大程度地杜绝环境污染的全球扩散。

在全球化进程中，跨国界的非政府性生态组织发挥着不可或缺的重大作用。这些组织应在争取政府支持其进一步发展的同时，积极宣传自己的生态理念，极力扩大自己的影响力，争取更多民众的支持与参与。各国政府都要在政策、场地甚至资金等方面加大支持力度，在进一步促进现有的国际环保组织发展的同时，动员更多的民众组建更多的生态环保组织。

在生态维护与环境保护问题上，世界各国要形成全球性生态共识，改变推脱生态责任的做法，打破各自为政的治理格局，着力于打造一个具有全球生态管理与实践能力的“地球政府”。这样的“地球政府”的打造可以通过对联合国的改造而实现。当前的联合国虽然不能从根本上保证世界的“冷暖”，但毕竟是当今世界上影响力最为深远的国际组织，对世界的正常运转是不可或缺的。生态治理的全球一体化结构建构可以以其为依托，强化其在全球生态问题上的职责与权力，通过决策共议、经费公担的方式，将其改造为一个至少在生态问题上名副其实的“世界政府”。

我国的生态环境保护国际合作

不断加深的生态环境保护国际合作

生态环境保护国际合作是外交工作的重要组成部分，也是国内生态环境保护的延续和生态环境保护的重要领域之一。我国在积极推进国内生态文明建设、解决新出现的生态环境问题的同时，也积极务实地参与生态环境保护领域的国际合作，在国际生态环境和发展领域中发挥了建设性的作用。

随着生态文明建设战略成为国策，纳入国家高层政务和外交活动的生态环境保护国际合作活动逐年增多，特别是应对全球气候变化成为全球的焦点后，我国积极参与和引领全球气候行动。

10 多年来，我国的多边环境合作与国际公约谈判和履约工作不断加强，参与了《生物多样性公约》《生物安全议定书》《维也纳公约》《蒙特利尔议定书》《斯德哥尔摩公约》《鹿特丹公约》《核安全公约》《巴塞尔公约》《联合国气候变化框架公约》《巴黎协定》等环境公约的缔约方大会重要谈判，积极参与世界贸易组织的贸易与环境谈判，批准加入了30多项与生态环境有关的多边公约或议定书，与100多个国家开展了广泛的生态环境保护交流，与60多个国家、地区和国际组织签署了近150项生态环保合作文件。《联合国生物多样性公约》第十五次缔约方大会于2021年10月在云南省昆明市举行，这是联合国首次以“生态文明”为主题召开全球性会议。

我国保持了与联合国环境规划署、联合国开发署、全球环境基金、世界银行、亚洲开发银行等国际组织的良好合作关系，并与它们开展了卓有成效的合作，同一些国际环保类非政府组织的联系也有所加强。联合国环境规划署将“地球卫士奖”、世界银行将“绿色环境特别奖”、全球环境基金将“全球环境领导奖”授予了我国的生态环境管理部门和为生态环境保护做出杰出贡献的人士。

我国积极参与和推动区域生态环境合作，以周边国家为重点的区域合作框架初步形成。中日韩三国环境部长会议、中欧环境政策部长级对话会议、东盟—中日韩环境部长会议、大湄公河次区域环境部长会议、中亚环境合作、亚欧环境部长会议、地区性环境合作计划以及在上海合作组织框架下开展环境合作等区域性国际生态环境合作机制均取得积极进展。

绿色“一带一路”建设稳步推进，我国与“一带一路”共建国家在生态环境治理、生物多样性保护和应对气候变化等领域积极开展双边和区域合作，不断推动绿色“一带一路”走实、走深，共同推动落实2030年可持续发展议程。中外合作伙伴共同发起成立了“一带一路”绿色发展国际联盟，已有来自40多个国家和地区的150余家机构成为联盟合作伙伴，其中包括共建国家的政府部门、国际组织、智库和企业等70余家外方机构；启动了《“一带一路”绿色发展报告》《“一带一路”项目绿色发展指南》《“一带一路”绿色发展案例研究报告》等联合研究项目；建立了“一带一路”环境技术交流与转移中心（深圳），以聚焦产业发展优势资源，促进环境技术创新发展与国际转移；组建了应对气候变化的“基础四国”（中国、印度、巴西和南非），利用气候变化“南南合作”专项财政资金，帮助最不发达国家、小岛屿国家和非洲国家等发展中国家提高应对气候变化能力；还与有关国家共同实施“一带一路”应对气候变化“南南合作”计划，提高“一带一路”国家应对气候变化能力，促进《巴黎协定》的落实。

我国的双边生态环境合作保持良好态势，加大了双边交流力度，双向部长级互访、双边环境合作联合委员会、人员出境培训等活动十分活跃。比如稳步推进中柬环境合作中心、中老环境合作办公室等重点平台建设，积极推动生态环保能力建设活动和示范项目等。

我国在核安全国际合作方面进一步加强。在多边核安全合作方面，我国积极参与《核安全公约》缔约方大会并提交国家报告，系统阐述了中国在核安全方面的最新进展，已同 11 个国家的核安全部门签署了双边核安全合作协议或备忘录。

作为我国政府高级咨询机构的中国环境与发展国际合作委员会机制日益完善，继续发挥着高层政策咨询作用。

我国的环境保护对外经济合作取得新进展。通过与全球环境基金、世界银行、亚洲开发银行等国际金融组织及欧美发达国家开展合作，引进资金、先进理念、管理思想、环保技术和管理经验。进一步发挥亚洲基础设施投资银行等专项金融机构及丝路基金、中国—东盟投资合作基金、中非产能合作基金、中拉产能合作投资基金等国际性基金的带动引领作用，加大对在“一带一路”沿线国家开展的绿色环保项目的支持力度。

近年来，我国环保企业开始走出国门，以先进技术、工艺、产品及人才引进为目标，针对外资优秀企业入股并购，通过与当地企业深度合作实现商业模式创新等形式，提升企业在国际市场的综合竞争力。环保产业是“第三方市场合作”的重要组成领域，我国已与德国、新加坡、法国、加拿大、韩国、日本等国家在“第三方市场合作”方面开展了不同层次的探索与实践。

加强国际合作以应对气候变化

长期以来，我国高度重视气候变化问题，主动承担相应责任，积极参与国际对话，努力推动全球气候谈判。

我国是最早制订实施应对气候变化国家方案的发展中国家：1994年3月发布了《中国21世纪议程——中国21世纪人口、环境与发展白皮书》，2007年6月制订了《中国应对气候变化国家方案》，2008年10月发布了《中国应对气候变化的政策与行动》白皮书，2013年11月发布了第一部专门针对气候变化的战略规划《国家适应气候变化战略》，2014年9月发布了《国家应对气候变化规划（2014—2020年）》，2015年6月向《联合国气候变化框架公约》秘书处提交了《强化应对气候变化行动就——中国国家自主贡献》文件，2016年4月签署了《巴黎协定》，2016年9月发布了《中国落实2030年可持续发展议程国别方案》，2017年12月国家发展改革委印发了《全国碳排放权交易市场建设方案（发电行业）》……在积极参与气候变化谈判的同时，我国还通过切实行动推动和引导建立公平合理、合作共赢的全球气候治理体系，推动构建人类命运共同体。

在2020年召开的第七十五届联合国大会一般性辩论上，我国宣布将力争于2030年前实现二氧化碳排放达到峰值、2060年前实现碳中和，这是我国基于可持续发展的内在要求和构建人类命运共同体的责任担当做出的重大战略决策，强调要树立命运共同体意识和合作共赢理念，改革、完善全球治理体系。

《“十四五”规划和2035年远景目标纲要》提出，落实2030年应对气候变化国家自主贡献目标，制订2030年前碳排放达峰行动方案。完善能源消费总量和强度双控制度，重点控制化石能源消费。实施以碳强度控制为主、碳排放总量控制为辅的制度，支持有条件的地方和重点行业、重点企业率先达到碳排放峰值。推动能源清洁、低碳、安全、高效利用，深入推进工业、建筑、交通等领域低碳转型。加大甲烷、氢氟碳化物、全氟化碳等其他温室气体控制力度，提升生态系统碳汇能力。锚定努力争取 2060 年前实现碳中和，采取更加有力的政策和措施，加强全球气候变暖对我国承受力脆弱地区影响的观测和评估，提升城乡建设、农业生产、基础设施适应气候变化能力。加强青藏高原综合科学考察研究。坚持公平、共同但有区别的责任及各自能力原则，建设性参与和引领应对气候变化国际合作，推动落实《联合国气候变化框架公约》及其《巴黎协定》，积极开展气候变化“南南合作”。

2021 年 4 月，我国气候变化事务特使与美国总统气候问题特使在上海举行会谈，发表的应对气候危机联合声明强调中美两国要与其他各方一道加强《巴黎协定》的实施。

在 2021 年 4 月举行的第三十次“基础四国”气候变化部长级会议上，我国明确表示，将坚定不移推进应对气候变化工作，一如既往地落实《联合国气候变化框架公约》和《巴黎协定》，持续推动气候多边进程，为应对全球气候变化、构建人类命运共同体贡献中国力量。

在 2021 年 4 月举行的中法德领导人视频峰会上，我国再次重申中方关于应对气候变化的庄严承诺。我国作为世界上最大的发展中国家，将完成全球最高碳排放强度降幅，用全球历史上最短的时间实现从碳达峰到碳中和。中方言必行，行必果。

在2021年4月举行的“领导人气候峰会”上，我国提出坚持人与自然和谐共生、绿色发展、系统治理、多边主义、共同但有区别的责任原则，共同构建人与自然生命共同体，坚定践行多边主义，努力推动构建公平合理、合作共赢的全球环境治理体系，坚持走生态优先、绿色低碳的发展道路，正在制订碳达峰行动计划，广泛深入开展碳达峰行动。

在2021年5月举行的第十二届彼得斯堡气候对话视频会议上，我国提出各方必须摒弃重减缓、轻适应的老路，将适应摆在和减缓同等重要的位置；要尽快制定全球适应目标，切实加大对发展中国家适应气候变化资金、技术和能力建设支持，特别是在气候资金支持中进一步体现适应与减缓之间的平衡，加强适应气候变化国际合作，增强适应行动的有效性和持久性，促进韧性发展；中方积极开展气候适应型城市和海绵城市建设等工作，在适应气候变化方面积累了一批好的经验做法，并正在编制《国家适应气候变化战略2035》。中方愿与各方加强适应气候变化合作，携手推动构建人与自然生命共同体。

对当下的中国而言，必须发挥在应对全球气候变化中的领导作用，坚定不移地实施生态文明建设战略，通过加强环境治理、发展绿色经济、宣传生态文化、建设节约型社会，建立健全绿色低碳循环发展经济体系，促进经济社会发展全面绿色转型，在成为全球气候行动典范的同时，更重要的是为未来发展打造原生性的动力；要特别关注科学技术在气候行动中的作用，对抗全球气候变化科技现已被列为最值得关注的科技之一，要不断用生态技术的发展解决全球共同的环境问题；必须时刻紧盯全球气候变化带来的地缘政治变化，面对气候变化下南北极出现的新情况，要将其提高到控制全球战略制高点的视角考虑。

建设绿色低碳“一带一路”

建设绿色低碳“一带一路”的总体要求

2013年9月和10月，我国先后提出了共建“丝绸之路经济带”和“21世纪海上丝绸之路”的构想，这是根植于我国历史上所主导的“古代全球化和区域化”（陆上丝绸之路和海上丝绸之路）的现代版。2015年3月，国家发展改革委、外交部、商务部联合发布了《推动共建丝绸之路经济带和21世纪海上丝绸之路的愿景与行动》，其中专门强调突出生态文明理念，加强生态环境、生物多样性和应对气候变化合作，共建“绿色丝绸之路”。2017年4月，环境保护部、外交部、国家发展改革委、商务部印发了《关于推进绿色“一带一路”建设的指导意见》，提出在“一带一路”建设中突出生态文明理念，推动绿色发展，加强生态环境保护，共同建设绿色丝绸之路。建设绿色低碳“一带一路”，对于实现沿线国家区域经济绿色转型，落实

2030年可持续发展议程，实现碳达峰、碳中和，具有重要的意义。2017年5月，环境保护部印发了《“一带一路”生态环境保护合作规划》，明确提出“一带一路”环境保护合作的总体要求。[①]

合作思路

牢固树立和贯彻落实创新、协调、绿色、开放、共享的发展理念，秉持和平合作、开放包容、互学互鉴、互利共赢的丝绸之路精神，坚持共商、共建、共享，以促进共同发展、实现共同繁荣为导向，有力有序有效地将绿色发展要求全面融入政策沟通、设施联通、贸易畅通、资金融通、民心相通中，构建多元主体参与的生态环保合作格局，提升“一带一路”沿线国家生态环保合作水平，为实现2030年可持续发展议程环境目标做出贡献。

基本原则

理念先行，绿色引领 | 以生态文明和绿色发展理念引领“一带一路”建设，切实推进政策沟通、设施联通、贸易畅通、资金融通和民心相通的绿色化进程，提高绿色竞争力。

共商共建，互利共赢 | 充分尊重沿线国家发展需求，加强

① 环境保护部. 关于印发《“一带一路”生态环境保护合作规划》的通知 [EB/OL]. http://www.mee.gov.cn/gkml/hbb/bwj/201705/t20170516_414102.htm，2017-05-16.

战略对接和政策沟通，推动达成生态环境保护共识，共同参与生态环保合作，打造利益共同体、责任共同体和命运共同体，促进经济发展与环境保护双赢。

政府引导，多元参与丨完善政策支撑，搭建合作平台，落实企业环境治理主体责任，动员全社会积极参与，发挥市场作用，形成政府引导、企业承担、社会参与的生态环保合作网络。

统筹推进，示范带动丨加强统一部署，选择重点地区和行业，稳步有序推进，及时总结经验和成效，以点带面、形成辐射效应，提升生态环保合作水平。

发展目标

到 2025 年，推进生态文明和绿色发展理念融入“一带一路”建设，夯实生态环保合作基础，形成生态环保合作良好格局。以六大经济走廊为合作重点，进一步完善生态环保合作平台建设，提高人员交流水平；制定落实一系列生态环保合作支持政策，加强生态环保信息支撑；在铁路、电力等重点领域树立一批优质产能绿色品牌；一批绿色金融工具应用于投资贸易项目，资金呈现向环境友好型产业流动趋势；建成一批环保产业合作示范基地、环境技术交流与转移基地、技术示范推广基地和科技园区等国际环境产业合作平台。

到 2030 年，推动实现 2030 年可持续发展议程环境目标，深化生态环保合作领域，全面提升生态环保合作水平。深入拓展在环境污染治理、生态保护、核与辐射安全、生态环保科技创新等重点领域的合作，绿色“一带一路”建设惠及沿线国家，生态环保服务、支撑、保障能力全面提升，共建绿色、繁荣与友谊的“一带一路”。

突出生态文明理念，加强生态环保政策沟通[①]

分享生态文明和绿色发展的理念与实践

传播生态文明理念 | 充分利用现有多双边合作机制，深化生态文明和绿色发展理念、法律法规、政策、标准、技术等领域的对话和交流，推动共同制定实施双边、多边、次区域和区域生态环保战略与行动计划。

分享绿色发展实践经验 | 归纳总结沿线国家和地区绿色发展的实践经验，呼应绿色发展需求，推广环境友好型技术和产品，推动将生态环保作为沿线国家绿色转型新引擎。

构建生态环保合作平台

加强生态环保合作机制和平台建设 | 开展政府间高层对话，充分利用中国—东盟、上海合作组织、澜沧江—湄公河、欧亚经济论坛、中非合作论坛、中阿合作论坛、亚信等合作机

① 环境保护部. 关于印发《“一带一路”生态环境保护合作规划》的通知 [EB/OL]. http://www.mee.gov.cn/gkml/hbb/bwj/201705/t20170516_414102.htm，2017-05-16.

制，强化区域生态环保交流，扩大与相关国际组织和机构的合作，倡议成立“一带一路”绿色发展国际联盟，建设政府、企业、智库、社会组织和公众共同参与的多元合作平台。

推进环保信息共享服务平台建设 | 合作建设“一带一路”生态环保大数据服务平台，加强生态环境信息共享，提升生态环境风险评估与防范的咨询服务能力，推动生态环保信息产品、技术和服务合作，为绿色“一带一路”建设提供综合环保信息支持与保障。

推动环保社会组织和智库交流与合作

推动环保社会组织交流合作 | 积极为环保社会组织开展国际交流与合作搭建平台并提供政策指导。支持环保社会组织与沿线国家相关机构建立合作伙伴关系，联合开展公益服务、合作研究、交流访问、科技合作、论坛展会等多种形式的民间交往。

加强生态环保智库交流合作 | 构建生态环保合作智力支撑体系，提高智库在战略制定、政策对接、投资咨询服务等方面的参与度。推进国内和国际智库、智库与政府部门、智库与企业以及智库与环保社会组织之间的生态环保合作，推动科研机构、智库联合构建科学研究和技术研发平台。

促进国际产能合作与基础设施建设的绿色化①

发挥企业环境治理主体作用

强化企业行为绿色指引 | 落实环境保护部、外交部、发展改革委、商务部共同印发的《关于推进绿色“一带一路”建设的指导意见》，落实商务部、环境保护部共同发布的《对外投资合作环境保护指南》以及 19 家重点企业联合发布的《履行企业环保责任，共建绿色“一带一路”倡议》，推动企业自觉遵守当地环保法规和标准规范，履行企业环境责任。推动有关行业协会和商会建立企业海外投资生态环境行为准则。

鼓励企业加强自身环境管理 | 引导企业开发使用低碳、节能、环保的材料与技术工艺，推进循环利用，减少在生产、服务和产品使用过程中污染物的产生和排放。在铁路、电力、汽车、通信、新能源、钢铁等行业，树立优质产能绿色品牌。指导企业根据当地要求开展环境影响评价和环境风险防范工作，加强生物多样性保护，优先采取就地、就近保护措施，做好生态恢复。

推动企业环保信息公开 | 鼓励企业借助移动互联网、物联网等技术，定期发布年度环境报告，公布企业执行环境保护法律法规的计划、措施和环境绩效等。倡导企业就环境保护事宜

① 环境保护部．关于印发《“一带一路”生态环境保护合作规划》的通知 [EB/OL]. http://www.mee.gov.cn/gkml/hbb/bwj/201705/t20170516_414102.htm，2017-05-16.

及时与利益相关方沟通，形成和谐的社会氛围。

推动绿色基础设施建设

推动基础设施绿色低碳化建设和运营管理 | 落实基础设施建设标准规范的生态环保要求，推广绿色交通、绿色建筑、绿色能源等行业的环保标准和实践，提升基础设施运营、管理和维护过程中的绿色化、低碳化水平。

强化产业园区的环境管理 | 以企业集聚化发展、产业生态链接、服务平台建设为重点，共同推进生态产业园区建设。加强环境保护基础设施建设，推进产业园区污水集中处理与循环再利用及示范。发展园区生态环保信息、技术、商贸等公共服务平台。

推动可持续生产与消费，发展绿色贸易[①]

促进环境产品与服务贸易便利化

加强进出口贸易环境管理 | 开展以环境保护优化贸易投资相关研究，探讨将环境章节纳入我国与“一带一路”沿线重点国家自贸协定的可行性。推动联合打击固体废物非法越境转移。推动降低或取消重污染行业产品的出口退税，适度提高贸易量较大的

---

① 环境保护部. 关于印发《“一带一路”生态环境保护合作规划》的通知 [EB/OL]. http://www.mee.gov.cn/gkml/hbb/bwj/201705/t20170516_414102.htm，2017-05-16.

“两高一资”行业环境标准。

扩大环境产品和服务进出口 | 分享环境产品和服务合作的成功实践，推动提高环境服务市场开放水平，鼓励扩大大气污染治理、水污染防治、危险废物管理及处置等环境产品和服务进出口。探索促进环境产品和服务贸易便利化的方式。

推动环境标志产品进入政府采购 | 开展环境标志交流合作项目，分享建立环境标志认证体系的经验。推动沿线各国政府采购清单纳入更多环境标志产品。探索建立环境标志产品互认机制，鼓励沿线国家环境标志机构签署互认合作协议。

加强绿色供应链管理

建立绿色供应链管理体系 | 开展绿色供应链管理试点示范，制定绿色供应链环境管理政策工具，从生产、流通、消费的全产业链角度推动绿色发展。开展供应链各环节绿色标准认证，推动绿色供应链绩效评价，探索建立绿色供应链绩效评价体系。

加强绿色供应链国际合作 | 积极推进绿色供应链合作网络建设，支持绿色生产、绿色采购和绿色消费，在国际贸易中推行绿色供应链管理。推动建立绿色供应链合作示范基地。加强沿线国家绿色供应链建设工作的交流和宣传，鼓励发布政府间绿色供应链合作倡议。鼓励行业协会、国际商会等组织开展宣传和推广。

加大支撑力度，推动绿色资金融通[①]

促进绿色金融政策制定 | 开展沿线国家绿色投融资需求研究，研究制定绿色投融资指南。以绿色项目识别与筛选、环境与社会风险管理等为重点，探索制定绿色投融资的管理标准。

探索设立“一带一路”绿色发展基金 | 推动设立专门的资源开发和环境保护基金，重点支持沿线国家生态环保基础设施、能力建设和绿色产业发展项目。

引导投资决策绿色化 | 分享绿色金融领域的实践经验，在“一带一路”和其他对外投资项目中加强环境风险管理，提高环境信息披露水平，使用绿色债券等绿色融资工具筹集资金，在环境高风险领域建立并使用环境污染强制责任保险等工具开展环境风险管理。

开展生态环保项目和活动，促进民心相通[②]

加强生态环保重点领域合作

深化环境污染治理合作 | 加强大气、水、土壤污染防治、固体废物环境管理、农村环境综合整治等合作，实施一批各方

---

① 环境保护部. 关于印发《“一带一路”生态环境保护合作规划》的通知 [EB/OL]. http://www.mee.gov.cn/gkml/hbb/bwj/201705/t20170516_414102.htm，2017-05-16.

② 同上。

共同参与、共同受益的环境污染治理项目。

推进生态保护合作 | 建立生物多样性数据库和信息共享平台，积极开展东南亚、南亚、青藏高原等生物多样性保护廊道建设示范项目，推动中国—东盟生态友好城市伙伴关系建设。

加强核与辐射安全合作 | 分享核与辐射安全监管的良好实践，积极参与国际核安全体系建设。深入参与国际原子能机构、经济合作与发展组织核能署等国际组织的各类活动。推动建立核与辐射安全国际合作交流平台，帮助有需要的国家提升核与辐射安全监管能力。

加强生态环保科技创新合作 | 积极开展生态环保领域的科技合作与交流，提升科技支撑能力。充分发挥环保组织的作用，推动环保技术研发、科技成果转移转化和推广应用。

推进环境公约履约合作 | 推进相关国家在“一带一路”建设中履行《生物多样性公约》《关于持久性有机污染物的斯德哥尔摩公约》等多边环境协定，构建环境公约履约合作机制，推动履约技术交流与“南南合作”。

加大绿色示范项目的支持力度

推动绿色对外援助 | 以污染防治、生态保护、环保技术与产业以及可持续生产与消费等领域为重点，探索制定绿色对外援助战略与行动计划。推动将生态环保合作作为“南南合作”基金等资金机制支持的重要内容，优先在环保政策、法律制度、

人才交流、示范项目等方面开展绿色对外援助，提高环保领域对外援助的规模和水平。

实施绿色丝路使者计划 | 深化完善“绿色丝路使者”计划实施方案，以政策交流、能力建设、技术交流、产业合作为主要路线，加强沿线国家环境管理人员和专业技术人才的互动与交流，提升沿线国家的环保能力，提高环保意识和环境管理水平。

开展环保产业技术合作园区及示范基地建设 | 以企业为主体，推动环保技术和产业合作，开展环保基础设施建设、环境污染防治和生态修复技术应用试点示范工作。引导优势环保产业集群式发展，探索合作共建环保产业技术园区及示范基地的创新合作模式。

加强能力建设，发挥地方优势[①]

加强环保能力建设 | 充分发挥我国“一带一路”沿线省（自治区、直辖市）在“一带一路”建设中的区位优势，编制地方“一带一路”生态环保合作规划及实施方案。重点加强黑龙江、内蒙古、吉林、新疆、云南、广西等边境省区环境监管和治理能力建设，推动江苏、广东、陕西、福建等省份提升绿

① 环境保护部. 关于印发《“一带一路”生态环境保护合作规划》的通知 [EB/OL]. http://www.mee.gov.cn/gkml/hbb/bwj/201705/t20170516_414102.htm，2017-05-16.

色发展水平；鼓励各地积极参加多双边环保合作，推动建立省级、市级国际合作伙伴关系，积极创新合作模式，推动形成上下联动、政企统筹、智库支撑的良好局面。

推动环境技术和产业合作基地建设 | 在有条件的地方建立“一带一路”环境技术创新和转移基地，建设面向东盟、中亚、南亚、中东欧、阿拉伯、非洲等国家的环保技术和产业合作示范基地；推动和支持环保工业园区、循环经济工业园区、主要工业行业、环保企业提升国际化水平，推动长江经济带、环渤海、珠三角、中原城市群等支持环保技术和产业合作项目落地，支撑绿色“一带一路”建设。

绿色“一带一路”重大项目[①]

政策沟通类 | 包括“一带一路”生态环保合作国际高层对话，“一带一路”绿色发展国际联盟，“一带一路”沿线国家环境政策、标准沟通与衔接，“一带一路”沿线国家核与辐射安全管理交流，中国—东盟生态友好城市伙伴关系，“一带一路”环境公约履约交流合作。

设施联通类 | 包括“一带一路”互联互通绿色化研究设施联通，“一带一路”沿线工业园污水处理示范，“一带一路”重

---

① 环境保护部. 关于印发《“一带一路”生态环境保护合作规划》的通知 [EB/OL]. http://www.mee.gov.cn/gkml/hbb/bwj/201705/t20170516_414102.htm，2017-05-16.

点区域战略与项目环境影响评估，“一带一路”生物多样性保护廊道建设示范。

贸易畅通类｜包括“一带一路”危险废物管理和进出口监管合作，“一带一路”沿线环境标志互认，“一带一路”绿色供应链管理试点示范。

资金融通类｜包括“一带一路”绿色投融资研究，绿色“一带一路”基金研究。

民心相通类｜包括“绿色丝绸之路使者”计划，澜沧江—湄公河环境合作平台，中国—柬埔寨环保合作基地，“一带一路”环保社会组织交流合作。

能力建设类｜包括“一带一路”生态环保大数据服务平台建设，“一带一路”生态环境监测预警体系建设，地方“一带一路”生态环保合作，“一带一路”环保产业与技术合作平台，“一带一路”环保技术交流与转移中心（深圳），中国—东盟环保技术和产业合作示范基地。

后记

2015 年 11 月 30 日，我应邀出席巴黎气候大会。在巴黎的 13 天里，我亲身感受到中国气候外交跨上了新台阶，也见证了中国作为一个发展中大国在应对气候变化问题上的担当和责任。

2020 年 9 月 22 日，中国国家主席习近平在第七十五届联合国大会上提出“力争于 2030 年前达到峰值，努力争取 2060 年前实现碳中和”[①]。

2021 年 3 月 15 日，习近平在中央财经委员会第九次会议上强调，实现碳达峰、碳中和是一场广泛而深刻的经济社会系统性变革，要把碳达峰、碳中和纳入生态文明建设整体布局，拿出抓铁有痕的劲头，如期实现 2030 年前碳达峰、2060 年前

---

① 中国减排承诺激励全球气候行动 [EB/OL]. http://www.gov.cn/xinwen/2020-10/12/content_5550452.htm，2020-10-12.

碳中和的目标。[①]

2030 年前实现碳达峰，2060 年前实现碳中和，既是我国实现可持续发展、高质量发展的内在要求，也是推动构建人类命运共同体的必然选择。

今年以来，全国各地各部门积极推进碳达峰、碳中和相关工作，取得了一定成效，碳达峰、碳中和也成了当下一大热点话题，但有些地方、行业和企业对碳达峰碳中和认识不足、了解不深，在实际工作中出现着力点“跑偏”、目标设定过高、脱离实际、“抢头彩”心切的现象，公众对碳达峰、碳中和相关的问题的理解也不够深入，在社会上对气候行动还存在一些误区，认为只要控制能源消费总量、简单改变能源消费结构、建立碳交易市场、增加森林碳汇、全社会大干快上，就能实现碳达峰、碳中和的目标。为了让社会各界正确理解碳达峰、碳中和问题，在气候行动中应该做什么、怎么做，我们梳理了应对气候变化的相关内容，编写了《碳达峰、碳中和知识解读》，主要介绍碳达峰、碳中和的背景、理论基础、实现路径，以及与碳达峰、碳中和密切相关的问题，以不长的篇幅、通俗的语言，把碳达峰、碳中和的基本知识传播给读者。

在本书的编写过程中，中国气候变化事务特使、全国政协人口资源环境委员会原副主任解振华给予了指导，并欣然为本

---

① 习近平主持召开中央财经委员会第九次会议 [EB/OL]. http://www.gov.cn/xinwen/2021-03/15/content_5593154.htm，2021-03-15.

书作序；我的恩师、著名环境外交家、联合国环境规划署驻华首任代表夏堃堡，还有长期从事热能动力工程、环境工程、新能源和节能减排低碳等领域研究的东南大学电力设计院书记（原院长）、东南大学能源与环境学院教授许红胜，给了我们很多建设性的意见，并隆重推荐本书；我的好朋友、远在欧洲考察访问的著名生态文明专家、北京生态文明工程研究院副院长、生态文明北京俱乐部副主任贾卫列，在本书的前期策划、体系结构的确定等方面做了大量的工作，并提供了大量生态文明研究方面的资料。

我还要特别感谢王文有，他在本书的出版过程中给予大力帮助，为本书的资料搜集做了有益的贡献。

在写作过程中，我们参阅了大量的资料，众多专家学者、奋战在生态文明建设第一线的实际工作者也给予了大量的指导和支持。中信出版社的领导和策划编辑黄维益，为本书的出版付出了辛勤的劳动。在此，我们表示深深的谢意！由于作者的水平、经验和时间所限，本书的不足和疏漏之处在所难免，恳请广大读者批评指正！

杨建初

2021 年 9 月于湖州

主要参考文献

[1] 浙江省湖州市安吉县综合碳汇低碳示范基地 [EB/OL]. http://www.tanpaifang.com/ditanhuanbao/2012/0505/1824.html，2012-05-05.

[2] 贾卫列，杨永岗，朱明双. 生态文明建设概论 [M]. 北京：中央编译出版社，2013.

[3] 刘宗超，贾卫列. 生态文明建设读本 [M]. 北京：中国人事出版社，2014.

[4] 中共中央国务院关于加快推进生态文明建设的意见 [M]. 北京：人民出版社，2015.

[5] 生态文明体制改革总体方案 [M]. 北京：人民出版社，2015.

[6] 全国主体功能区规划 [M]. 北京：人民出版社，2015.

[7] 北京市园林科学研究院. 屋顶绿化规范（DB11/T 281—2015）[S]. 北京：北京市质量技术监督局，2015.

[8] 夏堃堡. 国际环境外交 [M]. 北京：中国环境出版社，2016.

[9] 刘长松. 城镇化低碳发展的国际经验 [EB/OL]. http://theory.people.com.cn/n1/2016/1109/c83865-28847564.html，2016-11-09.

[10] 发展改革委印发《绿色发展指标体系》《生态文明建设考核目标体系》[EB/OL]. www.http://gov.cn/xinwen/2016-12/22/content_5151575.htm，2016-12-22.

[11] 中共中央办公厅　国务院办公厅印发《关于划定并严守生态保护红线的若干意见》[EB/OL]. http://www.gov.cn/zhengce/2017-02/07/content_5166291.htm，2017-02-07.

[12] 环境保护部，外交部，发展改革委，商务部. 关于推进绿色“一带一路”建

设的指导意见 [EB/OL]. http://www.mee.gov.cn/gkml/hbb/bwj/201705/t20170505_413602.htm，2017-05-05.

[13] 屋顶绿化——净化城市功不可没！ [EB/OL]. https://www.sohu.com/a/142846864_738532，2017-05-23.

[14] 古特雷斯纽约大学演讲：气候行动不仅必要　更是机遇 [EB/OL]. http://www.tanjiaoyi.com/article-21500-1.html，2017-05-31.

[15] 习近平. 决胜全面建成小康社会　夺取新时代中国特色社会主义伟大胜利——在中国共产党第十九次全国代表大会上的报告 [M]. 北京：人民出版社，2017.

[16] 国家统计局，国家发展和改革委员会，环境保护部，中央组织部. 2016 年生态文明建设年度评价结果公报 [EB/OL]. http://www.gov.cn/xinwen/2017-12/26/content_5250387.htm，2017-12-26.

[17] 生态环境部等五部门联合发布《公民生态环境行为规范（试行）》[EB/OL]. http://www.gov.cn/xinwen/2018-06/07/content_5296501.htm，2018-06-05.

[18] 住房城乡建设部关于发布行业标准《城市绿地分类标准》的公告 [EB/OL]. http://www.mohurd.gov.cn/wjfb/201806/t20180626_236545.html，2018-06-26.

[19] 贾卫列. 绿色发展知识读本 [M]. 北京：中国人事出版社，2018.

[20] 国家发展改革委关于印发《绿色生活创建行动总体方案》的通知 [EB/OL]. http://www.gov.cn/xinwen/2019-11/05/content_5448936.htm，2019-11-05.

[21] 中共中央　国务院印发《长江三角洲区域一体化发展规划纲要》[EB/OL]. http://www.gov.cn/zhengce/2019-12/01/content_5457442.htm，2019-12-01.

[22] 孟根龙，杨永岗，贾卫列. 绿色经济导论 [M]. 厦门：厦门大学出版社，2019.

[23] 贾卫列，刘宗超. 生态文明：愿景、理念与路径 [M]. 厦门：厦门大学出版社，2020.

[24] 徐轶杰. 推动环境保护国际合作行稳致远 [N]. 中国社会科学报，2020-07-02.

[25]《中国气候变化蓝皮书（2020）》：我国生态气候总体趋好 [EB/OL]. http://www.cma.gov.cn/kppd/kppdqxyr/kppdjsqx/202008/t20200828_561907.html，2020-08-28.

[26] 周国梅，史育龙，Kevin P. Gallagher 等. 绿色"一带一路"与 2030 年可持续发展议程 [R]. 北京：中国环境与发展国际国际合作委员会，2020.

[27] 中共中央　国务院关于全面推进乡村振兴加快农业农村现代化的意见 [EB/

OL]. http://www.gov.cn/zhengce/2021-02/21/content_5588098.htm，2021-02-21.
[28] 中华人民共和国国民经济和社会发展第十四个五年规划和 2035 年远景目标纲要 [EB/OL]. http://www.gov.cn/xinwen/2021-03/13/content_5592681.htm，2021-03-13.
[29] 中华人民共和国乡村振兴促进法 [EB/OL]. http://www.npc.gov.cn/npc/c30834/202104/8777a961929c4757935ed2826ba967fd.shtml，2021-04-29.
[30] 金佩华，杨建初，贾行甦. “绿水青山就是金山银山”理念与实践教程 [M]. 北京：中共中央党校出版社，2021.
[31] 2020 中国生态环境状况公报 [EB/OL]. http://www.mee.gov.cn/hjzl/sthjzk/zghjzkgb/202105/P020210526572756184785.pdf，2021-05-26.